Photoshop效果图后期处理制作

郭 舜 张 超 夏建红 ◎编著

厦门大学出版社 国家一级出版社
XIAMEN UNIVERSITY PRESS 全国百佳图书出版单位

图书在版编目(CIP)数据

Photoshop 效果图后期处理制作/郭舜,张超,夏建红编著.—厦门:厦门大学出版社,
2016.8
ISBN 978-7-5615-6140-9

Ⅰ.①P⋯　Ⅱ.①郭⋯②张⋯③夏⋯　Ⅲ.①建筑设计-计算机辅助设计-应用软件
Ⅳ.①TU201.4

中国版本图书馆 CIP 数据核字(2016)第 171173 号

出 版 人	蒋东明
责任编辑	陈进才
封面设计	李嘉彬
责任印制	许克华

出版发行	厦门大学出版社
社　　址	厦门市软件园二期望海路 39 号
邮政编码	361008
总 编 办	0592-2182177　0592-2181253(传真)
营销中心	0592-2184458　0592-2181365
网　　址	http://www.xmupress.com
邮　　箱	xmupress@126.com
印　　刷	厦门市明亮彩印有限公司

开本	787mm×1092mm　1/16
印张	12.5
字数	302 千字
版次	2016 年 8 月第 1 版
印次	2016 年 8 月第 1 次印刷
定价	49.00 元

本书如有印装质量问题请直接寄承印厂调换

厦门大学出版社
微信二维码

厦门大学出版社
微博二维码

前　言

Photoshop 是当今最流行的图像处理软件，集图像制作、编辑修改、图像扫描及输入输出于一体，具有友好的界面、直观的处理方式、丰富的效果和强大的功能，广泛应用于平面设计、后期修饰、包装装潢设计、网页制作、广告摄影、视觉创意等领域。

Photoshop 是效果图后期处理制作中不可或缺的软件，主要用于美化优化前期制作的渲染图，修饰效果图中的瑕疵，使效果图更加美观。

本书内容共分三个部分，第一部分讲述 Photoshop 效果图制作基础知识，重点介绍了 Photoshop 界面、工具面板、图层面板、图像编辑、色彩调整以及效果图处理的常用滤镜；第二部分讲述效果图后期制作的常用表现技法，重点介绍了透视效果、水面倒影、阴影效果、玻璃效果、室内灯光、日景光效、夜景效果、雨天效果、手绘效果、云线效果以及分析图的制作；第三部分是效果图后期处理案例详解，重点介绍了室内彩平、住宅小区彩平、室内效果图、景观效果图、实景照片效果图以及小区鸟瞰图的后期处理。

本教材由郭舜、张超、夏建红共同编著。郭舜主要负责 Photoshop 效果图后期制作基础知识及相关知识点的编写，张超、夏建红主要负责效果图后期制作常用表现技法的编写，效果图后期处理案例详解部分由三人共同完成。在编写过程中，参考了相关著作、期刊、专业网站及相关设计作品，名录见书末的参考文献，在此谨向原作者表示衷心感谢。本书可作为高职院校环境艺术设计、室内设计、园林技术等专业师生使用，也可供相关专业阅读参考。

由于编者水平有限，书中难免存在不足之处，敬请读者和专家提出宝贵意见。

编　者
2016 年 5 月

目 录
CONTENTS

第 2 部分

效果图后期制作常用表现技法　　/85

第 3 部分

效果图后期处理案例详解　　/120

第1部分
Photoshop 效果图制作基础

Adobe Photoshop，简称"PS"，是由 Adobe Systems 开发和发行的图像处理软件，集图像制作、编辑修改、图像扫描及输入输出于一体，具有友好的界面、直观的处理方式、丰富的效果和强大的功能，使用 Photoshop 进行效果图后期处理是现今效果图制作的主流手段。

本书以 Photoshop CS4 版本为例，介绍 Photoshop CS4 在室内外效果图后期处理的常见方法和技巧。

1 Photoshop CS4 界面简介

启动 Photoshop CS4 后，屏幕显示 Photoshop CS4 的工作主界面。Photoshop CS4 的主界面主要包含菜单栏、工具选项条、工具面板、文件状态栏、视图控制栏、操作调板等，如图 1-1 所示。

图1-1 工作界面

1.1 菜单栏

首先认识一下 Photoshop CS4 的菜单栏：

Ps | 文件(F) 编辑(E) 图像(I) 图层(L) 选择(S) 滤镜(T) 分析(A) 3D(D) 视图(V) 窗口(W) 帮助(H)

Photoshop CS4 所有的操作命令在菜单栏中都可找到，本书将配合效果图后期制作案例对菜单栏中的重要命令进行详解。

1.2 视图控制栏

视图控制栏主要用于控制当前图像的查看方式，合理使用视图控制栏可以提高工作效率。

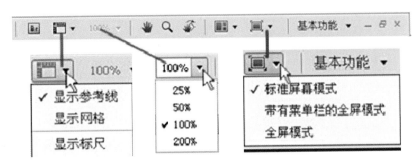

图1-2 视图控制栏

1.3 工具面板

工具面板中的工具组按照功能不同可归类为选择类工具组、绘图类工具组、修饰类工具组、矢量绘图类工具组、文字类工具组、3D 类工具组与辅助类工具组等。大多数工具组图标的右下角有黑色小三角形标记，表示该工具组中还有其他隐藏的工具未被完全显示，左键点击该标记即可显示该工具组下的其他隐藏工具。

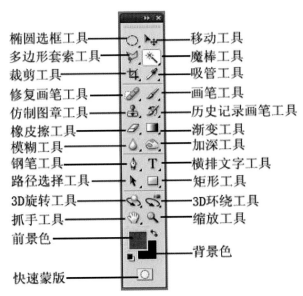

图1-3 工具面板

工具面板在操作过程中会频繁使用，可根据工作需要调出或隐藏工具面板的界面，选择菜单栏中的【窗口】选项，勾选【工具】选项即可。

1.4　工具选项条

　　每个工具组都有与之相对应的工具选项条，用于设置工具的详细参数。工具选项条在选定某个工具的同时会随之显示，如下图所示。

　　大多数情况下，需要预设工具选项条中的各种参数，才能更好地发挥工具的功能。如图 1-4、图 1-5 所示，分别为激活橡皮擦工具和钢笔工具的工具选项条状态。

图1-4　橡皮擦工具的工具选项条

图1-5　钢笔工具的工具选项条

1.5　操作调板

　　操作调板在作图过程中必不可少，例如图像的叠加合成、特效制作等，默认情况下几个操作调板被放置于一处，也可根据个人操作习惯组合或拆分各个操作调板的位置。选择【窗口】—【工作区】—【储存工作区 (S)】，在弹出的对话框内对自定义工作界面命名保存即可，如图 1-6 所示。

图1-6　个性设置操作调板

1.6 文件状态栏

当打开图像文件时，位于当前图像底部的状态栏会提供文档大小、文档尺寸、测量比例等一系列信息。点击状态栏中的黑色三角形按钮，在弹出的对话框中，选择【显示】选项，可以查看更多的图像文件信息，如图 1-7 所示。

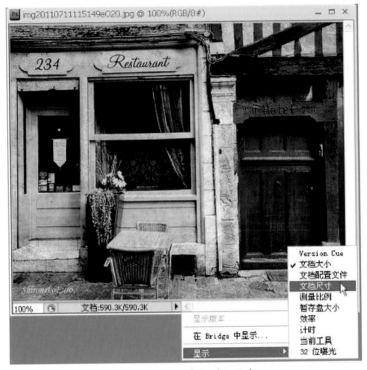

图1-7 文件状态栏详细信息

2 Photoshop CS4 工具面板

工具面板的使用贯穿于效果图后期制作的整个过程，熟练应用工具面板中各类工具是效果图后期制作必备的技能。

2.1 选择类工具

选择类工具主要用于制作各种选择区域，方便编辑选区内的图像。选择类工具包括【选框工具组】、【套索工具组】和【魔棒工具组（快速选择工具）】。

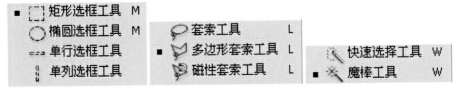

图1-8 选择类工具

2.1.1　选框工具组

【矩形选框工具】 与【椭圆选框工具】 多用于制作方形、圆形、椭圆形等规则选区。【单行选框工具】 和【单列选框工具】 则是为了方便选择一个像素的行和列而设置。若配合【Shift】键点击，可以选择两个以上像素的区域。

使用选框工具时，应注意【工具选项条】上的状态变化。选框工具有 4 种选区模式，分别是 【新建选区】、 【在已有选区的基础上添加选区】、 【从原有的选区中减去部分选区】、 【与原有选区进行交叉】，操作时按具体需求选择选区模式。

创建选区时按【Shift】键可加选，按【Alt】键可减选，按【Shift+Alt】组合键可交叉选择。执行【Ctrl+D】组合键，可取消当前操作图像内的所有选区。

在工具选项条的【羽化】 羽化:0px 选项框中输入数值，可以柔化选区。合理使用羽化功能，能使图像产生更好的融合，羽化数值越大，图像选区的边缘越模糊，如图1-9 所示。

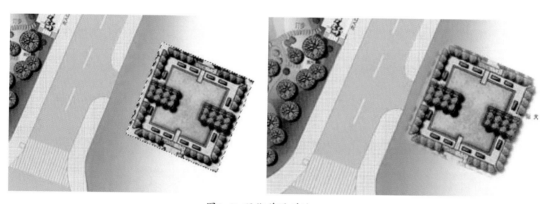

图1-9　羽化前后对比

在工具选项条的【样式】 样式:正常 选项框中选择【正常】样式，可以任意设置选区的大小比例。选择【固定比例】样式，如宽度与高度相同，即 1：1 比例时，可绘制正方形或圆形；如宽度与高度不同，可通过不同比例画出不同形状的矩形或椭圆形。选择【固定大小】样式，则宽度和高度的数值是以像素为单位，可以绘制精确范围的选区。

2.1.2　套索工具组

多用于制作不规则的选区，套索工具组包括【套索工具】、【多边形套索工具】和【磁性套索工具】，针对不同情况灵活使用。

套索工具 ：用于手动控制选择不规则图形。点击【套索工具】，按住鼠标左键不放并移动，松开左键时，选区自动闭合。套索工具自由度较大，但选区精确度不高。

多边形套索工具 ：多用于处理边缘较为复杂的素材。点击【多边形套索工具】，根据图形的边缘形状进行勾勒，如图 1-10 所示。

图1-10 制作复杂选区

磁性套索工具 ![]: 多用于处理边缘比较复杂但背景较为简单的素材。点击【磁性套索工具】，在需要制作选区的图像边缘左键单击后，沿图像边缘移动鼠标，工具会自动追踪图像边缘并制作出选区。

使用磁性套索工具时，注意其工具选项栏的状态。【宽度】主要用于设置搜索边缘的范围；【对比度】主要用于确定定位点所需的边缘反差度，数值越大，边缘的反差也越大；【频率】主要用于控制磁性套索工具定位点的数量，值越大定位点就越多。

图1-11 自动分析并选取图像边缘

1. 使用套索工具组时，配合使用【Shift+L】可在套索工具、多边形套索工具和磁性套索工具之间来回切换。

　　2. 使用多边形套索工具制作选区时，双击左键选区将自动闭合。

　　3. 使用磁性套索工具时，在选取过程中可单击鼠标以增加连接点。

　　4. 如在操作过程中发生错误，按【Delete】键可回退一步。

2.1.3　魔棒工具组（快速选择工具）

　　魔棒工具组（快速选择工具）是使用色彩范围的原理制作选区。

　　魔棒工具 ✎ ：选取图像中相近颜色的像素并确定选区范围。常用于选择背景色彩较单一，但主体较复杂的素材。如图 1-12 所示，选择【魔棒工具】，点击图像的背景后执行反选命令，得到树木选区。

图1-12 魔棒工具选取树木

　　在工具选项条的【容差值】 ✎ ▾ □□□□ 容差: 20 数值框内输入数值，可以设置色彩的选择范围，数值在 0~255 之间。输入的数值越小，得到的选区就越小，反之，色彩范围就越大，选区也就越大。

Photoshop 效果图后期处理制作

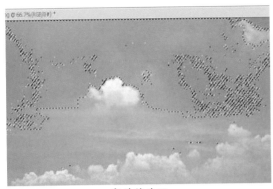 

容差值为20　　　　　　　　　　　　容差值为60

图1-13　不同容差值的选区范围

若勾选工具选项条中的【连续】 选项，则只能选择色彩相近的区域，不勾选则可选中整副图像中所有容差范围内的色彩， 　　、如图 1-14 所示。

图1-14　不同的选区效果

若勾选【对所有图层取样】 选项，则色彩的选取范围可跨所有可见图层，如不选，只能在当前图层起作用。

快速选择工具 ：使用【快速选择工具】在图像上点击或涂抹，可进行色彩计算而快速得到选区，该工具笔尖的大小影响选区范围，如图 1-15 所示。

图1-15　快速制作选区

工具选项条中有![新选区]【新选区】、![添加到选区]【添加到选区】、![从选区中减去]【从选区中减去】三种编辑模式可供操作时选择。

2.2　绘图类工具

绘图类工具组多用于各类绘制操作，常在彩色平面图、效果图背景制作中使用。绘图类工具组包括【画笔工具】、【铅笔工具】、【颜色替换工具】、【渐变工具】、【油漆桶工具】、【仿制图章工具】、【图案图章工具】、【历史记录画笔工具】和【历史记录艺术画笔工具】等。

✏ 画笔工具　B	▯ 渐变工具　G
✏ 铅笔工具　B	◌ 油漆桶工具　G
✏ 颜色替换工具　B	♗ 仿制图章工具　S
	♗ 图案图章工具　S
	✐ 历史记录画笔工具　Y
	✐ 历史记录艺术画笔工具　Y

图1-16　绘图类工具

2.2.1　画笔工具组

画笔工具 ✏：可绘制出毛笔笔触或水彩笔笔触的柔和效果，画笔工具的笔尖形状、笔尖大小可以自由编辑。选择【画笔工具】，点击工具选项条中的 ✏，出现下拉菜单，可对画笔的笔尖效果进行【新建】、【复位】、【载入】、【存储】、【替换】等操作，如图1-17所示。

Photoshop 效果图后期处理制作

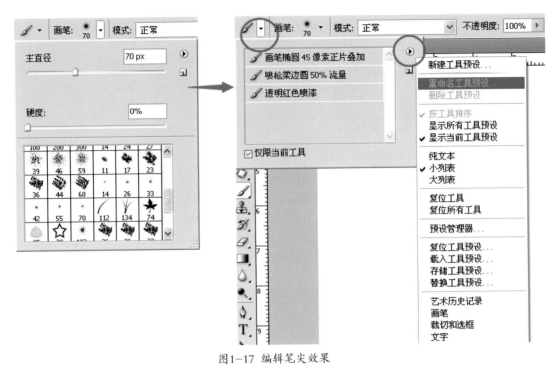

图1-17 编辑笔尖效果

画笔工具选项条中 ，【模式】选项控制色彩与底图的混合模式。【不透明度】数值控制画笔效果在图像上的覆盖能力，数值为 100% 时，画出的色彩完全不透明，数值为 0% 时，完全透明。如图 1-18 所示，使用蓝色在图像中涂抹，左图为不透明度 20% 的效果，右图为不透明度 100% 的效果。

图1-18 不同数值不透明度的绘制效果

【流量】数值控制画笔绘图的速度，值越小画笔速度越慢。点击工具选项条右侧【切换画笔面板】图标，调出画笔面板工具，可设置画笔的参数和属性，如图 1-19 所示。

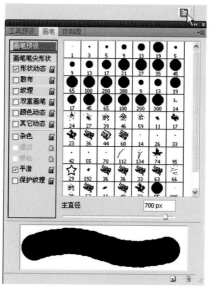

图1-19 画笔面板

　　在画笔工具面板中，通过【画笔笔尖形状】、【形状动态】、【散布】、【纹理】、【双重画笔】、【颜色动态】、【其他动态】、【杂色】、【湿边】、【喷枪】、【平滑】、【保护纹理】等选项可创造多样性笔尖效果，如图 1-20 所示。

图1-20 笔尖效果

　　铅笔工具 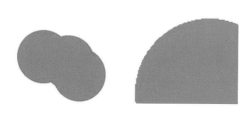：铅笔工具使用方法与画笔工具相同，但铅笔工具绘制的样式边缘坚硬，放大后图形边缘有明显锯齿状，如图 1-21 所示。

　　该工具常在制作彩色平面图时配合图层样式制作云线效果，如图 1-22 所示，详细操作步骤参见本书第二部分的云线效果的制作。

图1-21 锯齿状边缘　　　　图1-22 使用铅笔工具绘制云线

铅笔工具选项条 中,【模式】、【不透明度】选项的使用与画笔工具相同。若勾选【自动抹除】选项,使用铅笔工具涂抹时,可自动在前景色和背景色之间转换。

小贴士

使用画笔工具或铅笔工具时,按【Alt】键可临时切换为吸管工具,按【Shift】键不放则可绘制直线。

颜色替换工具 :主要用途是为图像上色,但不完全覆盖图像原有的色彩。如图1-23所示,选择【颜色替换工具】,确定前景色为绿色,涂抹墙体部分,墙体色彩呈现半透明效果。

图1-23 使用颜色替换工具替换色彩

2.2.2 渐变工具组

渐变工具 :创建柔和的过渡色彩效果,常用来制作天空,如图1-24所示。

图1-24 制作天空效果

在工具选项条中，渐变类型有 ▢【线性渐变】、▣【径向渐变】、◩【角度渐变】、▭【对称渐变】和 ✦【菱形渐变】五种。使用渐变工具时，先确定一种渐变模式，点击左键不放并拖动鼠标，松开左键后，完成渐变效果的制作。

点击渐变选择框的小三角形，弹出【渐变拾色器】调板，可以预设渐变效果。点击工具选项条中的色彩部分 ▬▬▬ ，弹出【渐变拾色器编辑框】，可以自定义渐变效果，如图 1-25 所示。

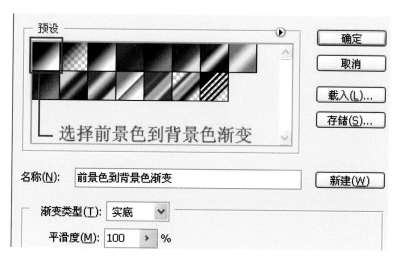

图1-25　渐变拾色器

渐变编辑器界面中有 4 个色标滑块，左上角和右上角的色标滑块控制渐变功能的不透明度，左下角和右下角的色标滑块控制渐变功能的颜色。鼠标移动到色标附近时，会显示抓手形状，此时单击左键可新建一个色标滑块，如图 1-26 所示。

默认四个色标滑块

上方色标滑块控制渐变透明度

下方色标滑块控制整体渐变程度

建立色标滑块

图1-26　色标滑块

合理使用【渐变编辑器】的功能可创造出丰富的色彩渐变效果，如图 1-27 所示的杂色渐变效果。

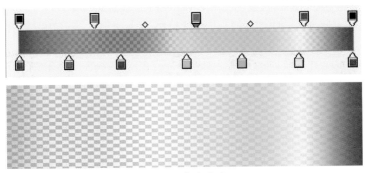

图1-27 杂色渐变

油漆桶工具 ：主要用于填充画布或选区内的色彩或图案，常与【拾色器】工具配合使用。

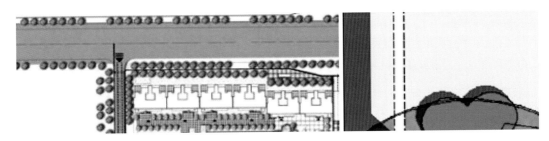

图1-28 色彩填充

在工具选项条中，【前景】选项指填充的内容为前景色，【图案】选项指填充的内容为图案，在【图案】选项 下可选择图案填充的纹理。

2.2.3 仿制图章工具组

仿制图章工具 ：主要作用是通过在图像中采样，复制采样位置的像素到其他位置。选择【仿制图章工具】，先按住【Alt】键不放，左键点击需要取样的区域进行取样，然后松开【Alt】键，在图像其他位置涂抹进行图像复制，如图 1-29 所示。

图1-29 仿制图章工具复制荷花

图案图章工具 ：选择选项条右侧的【图案】按钮，在下拉菜单中选择图案类型即可绘制出指定的图案。

2.2.4 历史记录画笔工具组

历史记录画笔工具 ：还原图像未经操作前的状态。如图1-30所示，经过特效处理后的图像与原图存在很大差别，如欲恢复原图效果，可选择【历史记录画笔工具】，涂抹特效处理图像的右侧，可使被涂抹处的图像恢复至最初效果，如图1-31所示。

图1-30 特效前后效果对比

图1-31 恢复图像至最初效果

小贴士

　　使用历史记录画笔工具时，应确保图像文件、原始文件的文件大小和画布大小一致，否则该工具不能使用。

历史记录艺术画笔工具 ：与历史记录画笔工具的使用方法类似，区别在于使用历史记录艺术画笔工具涂抹画面时，可绘制出具有艺术风格的效果，如图1-32所示。

图1-32 历史记录艺术画笔绘制效果

2.3 修饰类工具

修饰类工具组可以对一些有缺陷的图像进行修饰处理，如图 1-33 所示。

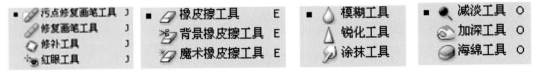

图1-33 修饰类工具组

2.3.1 修复画笔工具组

污点修复画笔工具 🖉：用于修复图像中的污点，多用于较简单的场景处理。使用时先调整好笔尖大小，点击需要修改的位置即可进行自动处理，如图 1-34 所示。

图1-34 修复窨井盖与石块

修复画笔工具 🖉：主要用于修复图片，使用方法与【仿制图章工具】类似，但修复效果更出色，使用该工具修复后的图像在纹理、色彩等各方面能够产生较为完美的融合。如图 1-35 所示，欲对红色线框内的建筑进行修复处理，可点击【修复画笔工具】，先按住【Alt】键不放，在参照区域点击左键进行取样后，松开【Alt】键，涂抹图像中需要修复的区域。

图1-35　图像修复处理

修补工具 ：使用图像中某一区域的像素去修补其他区域。在工具选项条中 ，有 【新建选区】、 【添加到选区】、 【从选区减去】、 【与选区交叉】4个编辑选项，均为制作修补选区之用。【源】与【目标】选项是修补工具的两种使用方法，两个选项的用法正好相反。

　　方法 1：如图 1-36 所示，使用【源】 选项对红线框内的图像进行修补。选择【修补工具】，框选图中船体范围，自动生成一个选区后，将鼠标移动至选区内，按住左键不放，将选区拖至其他有水域的地方后松开左键，选区内的图像变成水面的效果。若感觉效果不够理想，可将该选区向周边多拖动修补几次。继续使用上述方法修补波浪部分，直至达到满意效果。

图1-36 使用【源】选项修补图像

方法2：如图 1-37 所示，使用【目标】 选项擦除红线框内的图像，先在大楼周边选出一个与红线框内图形大小相似的选区，将选区拖至红线框内需修改的大楼上，完成图像的擦除。

图1-37　使用【目标】选项擦除图像（图像素材引自百度）

　　红眼工具 ：多用于修复相机拍摄人物照片引起的"红眼现象"。

2.3.2 橡皮擦工具组

　　橡皮擦工具 ：通过涂抹可以擦除图像中的像素。若编辑的图像为背景层，则被擦除部分显示出背景色；若编辑的图像不是背景层，则被擦除部分会显示出下一图层的图像，如图 1-38 所示。

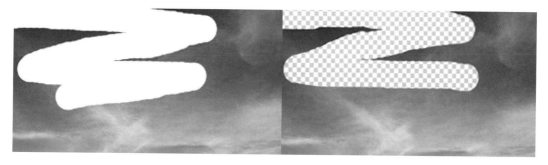

图1-38　擦除图像像素

背景橡皮擦工具 ：直接擦除当前图像的像素，被擦除区域将变为透明区域，如图 1–39 所示。

图1–39 擦除区域变为透明区域

魔术橡皮擦工具 ：可以擦除与选择位置色彩相似的所有色彩，如图 1–40 所示。

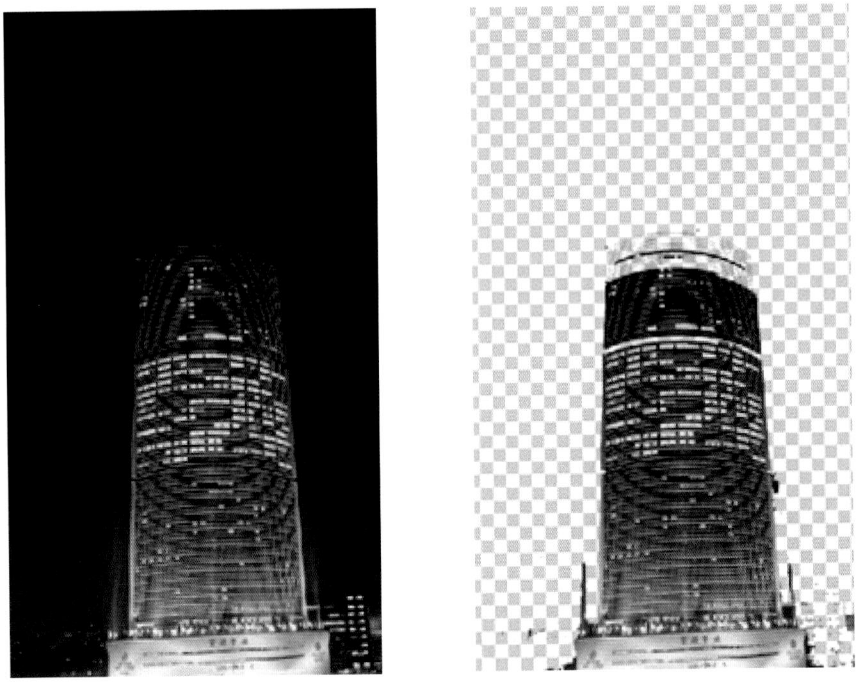

图1–40 擦除相近色彩

在工具选项条中 ，【容差】数值越大，擦除的色彩范围也越大。若勾选 ☑连续 选项，则只擦除在色彩容差范围内有连续的像素，反之，图像中所有容差范围内的像素都会被擦除。

2.3.3　模糊工具组

模糊工具 ：通过在图像上涂抹可产生模糊效果。效果图后期处理时常使用模糊工具弱化远景效果突出近景效果，如图 1-41 所示。

图1-41　制作景深效果（图像素材引自百度）

锐化工具 ：通过在图像上涂抹可产生锐化效果，常用于处理需要局部清晰的图像。需要注意的是，过多地反复涂抹易使图像产生明显的颗粒状，如图 1-42 所示。

图1-42　水面近景锐化效果

涂抹工具 ：在图像中涂抹可改变像素的分布位置。

2.3.4　减淡工具组

减淡工具 ：主要用于提高图像的明亮程度。工具选项条 范围：中间调 曝 中包括【阴影】、【中间调】和【高光】选项，可分别对图像的阴影部分、中间色部分、高光部分进行处理。

图1-43　提高图像亮度（图片素材引自百度）

加深工具 ：主要用于降低图像的亮度，在效果图后期处理中常用于加深图像局部色彩，如图 1-44 所示。

图1-44 加深图像色彩（图片素材引自百度）

海绵工具 ：用于改变图像的色彩饱和程度。在工具选项条的【模式】下拉菜单中，选择【降低饱和度】模式：　降低饱和度　选项，对图像涂抹时会降低涂抹位置的饱和色彩，使图像色彩变灰，选择【饱和】模式：　饱和　选项，则会增加图像的饱和程度，如图 1-45 所示。

原图效果

降低饱和度　　　　　　　　　增加饱和度

图1-45 使用海绵工具调整饱和度

2.4 矢量绘图类工具

矢量绘图类工具用于绘制或编辑路径。在效果图后期处理中常用来制作不规则选区并用于描边、填充等命令。

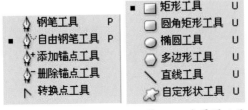

图1-46 矢量图工具

2.4.1　钢笔工具组

钢笔工具 ：钢笔工具是创造、编辑路径的工具，该工具可制作平滑曲线，在缩放或变形之后仍能保持平滑效果。

在工具选项条中 ，选择【形状图层】选项可以制作形状，选择【路径】选项可以制作路径。在选择路径的前提下，绘制过程中将起点与终点重合可得到封闭的路径，按【Ctrl+Enter】键，可将封闭路径转换成选区。

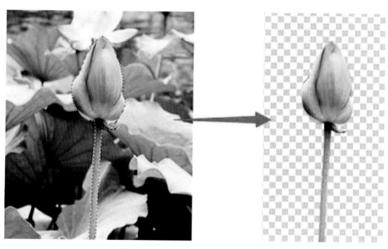

图1-47　使用钢笔工具抠取素材

自由钢笔工具 ：可随意绘制路径或绘制磁性路径，如图1-48所示。在工具选项条中勾选【磁性的】选项 后，使用自由钢笔工具制作出向日葵图像的路径。

图1-48　磁性钢笔工具制作路径

点击工具选项条中黑色三角形按钮 ，在对话框中可设置磁性钢笔工具的使用偏好，如图1-49所示。

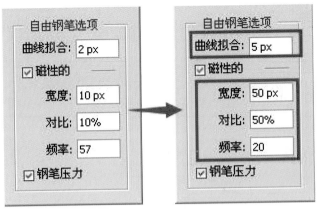

图1-49 设置使用偏好

点击【自定义形状】 ，磁性钢笔工具转换成【自定义形状工具】 使用。

小贴士

磁性钢笔工具与磁性套索工具的使用方法类似，区别在于用磁性钢笔工具得到的是路径，磁性套索工具得到的是选区。

添加锚点 与删除锚点 工具：从路径中添加或删除路径节点。

转换点工具 ：对路径中的直线型锚点和光滑型锚点进行转换。

2.4.2 矩形形状工具组

矩形形状工具组大多用来绘制规则的矢量图形。

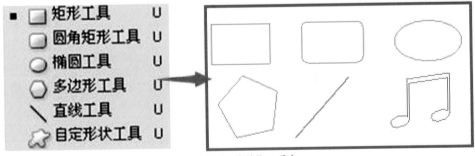

图1-50 矩形形状工具组

2.4.3 路径选择工具组

路径选择工具 ：用于整体移动和改变路径的形状，调整路径相对位置。

直接选择工具 ：可改变路径的位置，对锚点、路径进行移动、改变方向和形状操作，按住【Alt】键移动路径时可复制该路径。

2.5　文字类工具

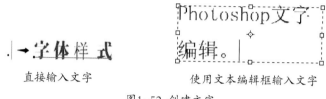

图1-51　文字类工具组

横排文字工具 **T**：用于创建文字。创建文字有两种方式，可以选择【横排文字工具】**T**，通过在图像中点击，出现提示光标后即可输入文字；也可选择【直排文字工具】，按住左键不放，直接在图像中拖出一个文字编辑框，在编辑框内输入文字。

直接输入文字　　　　　使用文本编辑框输入文字

图1-52　创建文字

点击【提交所有当前编辑】 完成文字输入。在工具选项条 中，点击【更改文字方向】按钮，可更改文字的横竖书写方向；在文字属性编辑框内，可以调整字体样式、字体大小、字体显示模式等属性；在【字体排列模式】功能组中可以更改文字的对齐方式；点击【创建文字变形】按钮可更改文字的排列形状，默认情况下文字变形的形状样式有15种，如图1-53所示。

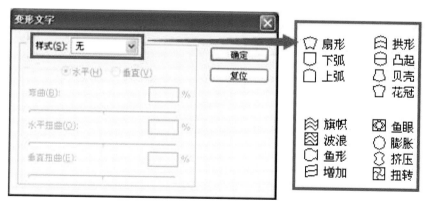

图1-53　变形文字样式

使用【横排文字工具】选中一段文字，点击【创建文字变形】按钮，在样式选项框中选择一种样式即可对文字变形。

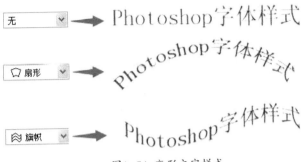

图1-54 变形文字样式

点击【切换字符和段落面板】 按钮，可对文字属性进行更细致的编辑。

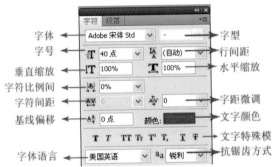

图1-55 切换字符和段落面板

直排文字工具：与横排文字工具用法一致，但文字排列方向不同。

横排文字蒙版工具：用于制作文字选区。使用【横排文字蒙版工具】在图像中点击时，图像会自动蒙上一层蒙版，文字编辑完成后，点击【提交所有当前编辑】 按钮，蒙版上的文字转变为选区。

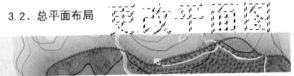

在蒙版上输入文字   文字转变为选区

图1-56 横排文字蒙版工具

直排文字蒙版工具：和横排文字蒙版工具用法相同，但文字排列方向不同。

2.6 辅助类工具

辅助类工具的使用可提高工作效率。

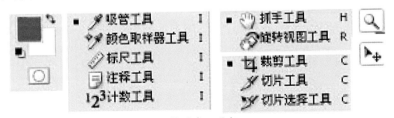

图1-57 辅助类工具组

2.6.1　拾色器

拾色器 ■：拾色器提供了各种色彩的选择。在【拾色器】■图标中左上方是前景色，默认黑色，右下方是背景色，默认白色。按【X】键可在前景色与背景色间切换，按【D】键可恢复到默认状态。点击【拾色器】上的色彩时，弹出【拾色器对话框】，可自由选择色彩。

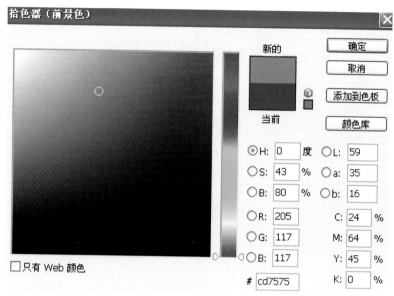

图1-58 拾色器对话框

2.6.2　吸管工具组

吸管工具 ✐：在图像中单击吸取色彩，可将前景色转换成单击处的色彩。

2.6.3　抓手类工具组

抓手工具 ✋：用于平移图像，当出现手形工具时，按住左键不放，拖动鼠标即可拖动图像，在作图过程中按住【空格键】也可激活抓手工具。

2.6.4　裁剪工具组

裁剪工具 ✂：对图像中进行框选，不在选框内的像素将会被自行删除。

2.6.5　缩放工具

缩放工具 🔍：对图像进行缩放显示，按住【Alt】键可缩小显示图像。

2.6.6　移动工具

移动工具 ✛：移动图像文件中的各个素材图层，使用时按住左键不放对图像进行拖动即可。

3 Photoshop CS4图层面板

3.1 图层基础知识

3.1.1 图层

图层是 Photoshop 的核心功能之一，图像的复制、移动、删除、叠加、合并等操作均可由图层功能完成。图层有透明与不透明之分，图层的透明部分由灰白相间的格子表示，透明部分可显现出下方图层图像，如图 1-59 所示。

图1-59 透明图层

3.1.2 图层面板

图层面板集中了大部分图层相关的操作命令，执行【窗口】—【图层】命令，打开图层面板。

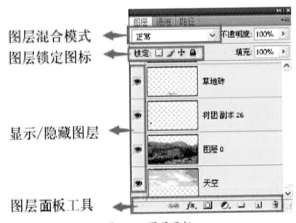

图1-60 图层面板

图层混合模式 正常 ：设置当前操作图层的混合模式。

不透明度 不透明度100% ：控制当前图层的透明程度，数值越小，图层越透明。

图层锁定图标栏 锁定：□／÷ⓐ ：控制当前图层透明部分的可编辑性。

填充 填充100% ：控制当前图层中非图层样式的不透明度。

显示 / 隐藏图层 👁 ：点击该图标可控制当前图层的显示或隐藏状态。

图层面板工具组 ∞ fx. ◎ ⊘. □ □ ⁂ ：∞【链接图层】工具可链接两个以上的图层同时进行操作，fx.【添加图层样式】工具可在下拉菜单中为当前图层添加图层样式，◎【添加图层蒙版】工具可为当前图层添加图层蒙版，⊘.【创建新的填充或调整图层】

工具可在下拉菜单中为当前图层建立新的填充或调整图层，▭【创建新组】工具可以创建图层组；▭【创建新图层】工具用来创建一个新图层，▭【删除图层】工具可删除当前图层。

在任意一个图层上右键单击，在下拉菜单栏中可对当前图层进行编辑设置，如图1-61所示。

图1-61 单独编辑图层

3.2　图层操作

3.2.1　图层创建

创建新图层：创建新图层有两种方法，点击图层面板底部【创建新图层】▭按钮可直接创建新图层，或在菜单栏中执行【图层】—【新建】—【图层】命令，创建新图层。

在菜单栏中执行创建新图层的命令时，会弹出【新建图层】对话框，可对创建的新图层进行详细的参数设置。

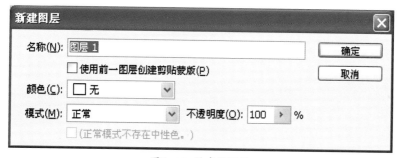

图1-62 创建新图层

Photoshop效果图后期处理制作

显示、隐藏图层:执行【图层】—【显示图层/隐藏图层】命令,或点击【显示/隐藏图层】图标 ◉ 可显示或隐藏当前图层,在已有"图层样式"效果的图层中,也可以点击"样式效果"前方的 ◉ 图标,对样式效果进行隐藏或显示,如图1-63所示。

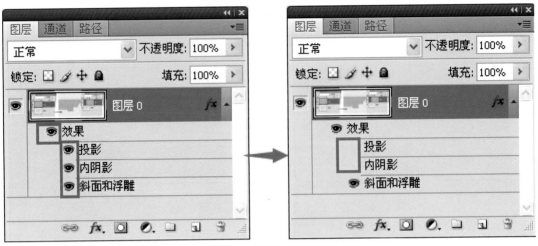

图1-63 显示/隐藏"图层样式"效果

3.2.2 复制图层

复制当前图层内容:点选一个图层,执行【图层】—【复制图层】命令,编辑【复制图层】对话框参数后,即可复制当前图层的全部内容,并在图层面板中新建立一个与该图层相同数据的副本,如图1-64所示。

图1-64 复制图层

复制选区内的图像:执行【图层】—【新建】—【通过拷贝的图层】命令,可对当前图层中的选区像素进行复制,或按住【Alt】键不放,使用移动工具 ▶₊ 拖动选区内的图像也可复制该选区内的图像,如图1-65所示。

图1-65　复制选区图像

　　不同文件之间复制图层：使用移动工具 ⏴⊕ 将一个图层拖动至目标文件中即可完成图层在不同文件之间的复制粘贴，如图 1-66 所示。

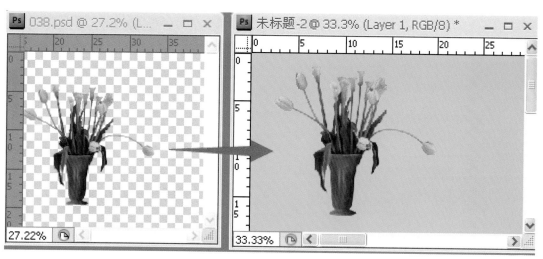

图1-66　图层的粘贴

　　使用选择工具制作选区，按【Ctrl+C】复制选区内图像，切换至目标文件中按【Ctrl+V】，即可完成图层在不同文件之间的复制粘贴。

3.2.3　更改图层次序

要更改图层之间的上下次序，只需在图层面板中将需要调整次序的图层拖放到目标位置即可。

图1-67　更改图层次序

3.2.4　图层链接

在图层面板中，同时选中相邻的两个或两个以上图层，点击【链接图层】 按钮即可将图层链接，如图 1-68 所示。

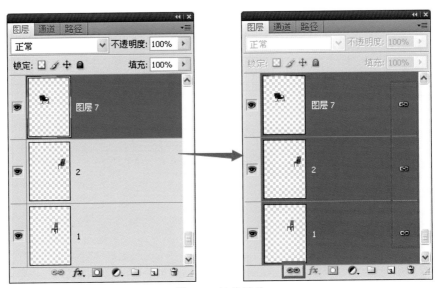

图1-68　链接图层

3.2.5　合并图层

执行【图层】—【合并图层】命令,可将上方图层与下方图层合并为一个图层,执行【图层】—【合并可见图层】命令,可将文件中所有可见图层合并为一个图层,如图1-69所示。

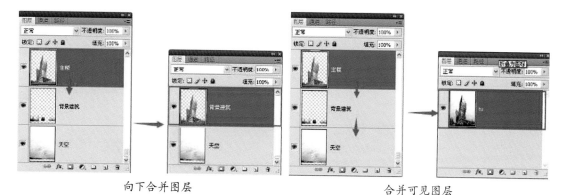

向下合并图层　　　　　　　　　　　合并可见图层

图1-69　合并图层

3.2.6　删除图层

执行【图层】—【删除】—【图层】命令,或点击图层调板下方的【删除图层】按钮可删除当前图层。

3.2.7　图层编组

使用图层编组命令可将同组内的多个图层同步编辑。选择需要编组的图层,执行【图层】—【图层编组】命令,选中的图层被编为一组,如图1-70所示。

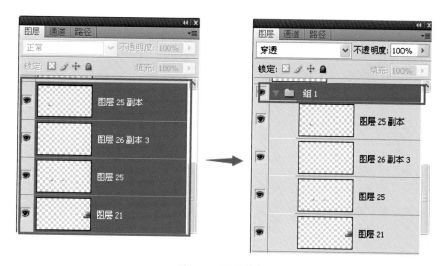

图1-70　图层编组

图层组可进行复制、取消、删除、嵌套。选择图层组,执行【图层】—【复制组】命令可复制图层组,执行【图层】—【取消图层编组】命令可取消图层组,执行【图层】—【删除】—【组】命令可删除图层组,将一个图层组拖动至另一个图层组中,可完成图层组之间的嵌套,即图层组中的子图层组。

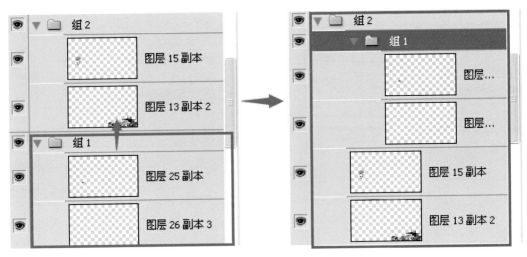

图1-71 图层组的嵌套

3.2.8 图层的不透明度与填充透明度

当图层的不透明度为100%时，代表本层图像完全不透明，图像看上去非常饱和、实在；当不透明度下降时，图像也随着变淡；当不透明度设为0%，相当于隐藏了该图层，如图1-72所示。

不透明度100%　　不透明度50%

图1-72 图层的不透明度（图案片素材引自昵图网）

图层的填充透明度：只改变当前图层在使用绘图类工具操作时所得图像的不透明度，并不影响图层透明效果，如图1-73所示。

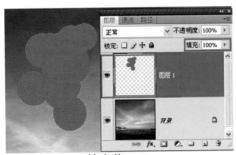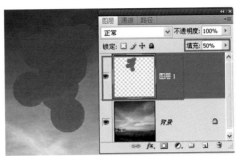

填充值100%　　填充值50%

图1-73 图层的填充值

034

3.2.9　图层修边

图层修边命令可去除图层的边缘杂色。如图1-74所示，从原图中抠取素材加入背景文件后，带有明显的边缘残留杂边，不利于图面效果。选择素材图层，执行【图层】—【修边】—【去边】命令，输入的"宽度"值越大，去除的边缘像素也越多。修边处理后，素材边缘强度弱化。

图1-74　图层修边

3.3　**图层进阶操作**

3.3.1　图层样式的运用

图层样式是效果图制作与特效表现的重要手段。选择【图层】—【图层样式】—【混合选项】命令，或点击图层面板中【添加图层样式】按钮即可打开图层样式对话框，Photoshop提供了10种默认的图层样式供选择，如图1-75所示。

图1-75　图层样式对话框

投影：该样式通过设置"混合模式""不透明度""角度""距离""扩展""大小"等参数，为图层中的图像或文字添加阴影效果，如图1-76所示。

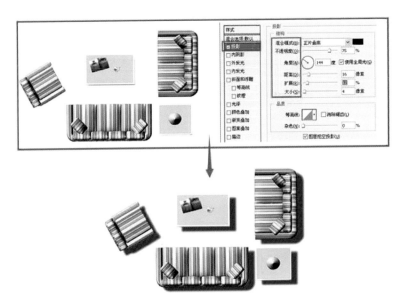

图1-76 投影效果

内阴影:该样式通过设置"混合模式""不透明度""角度""距离""阻塞""大小"等参数，在图层的内侧边缘添加阴影，产生内凹效果，如图 1-77 所示。

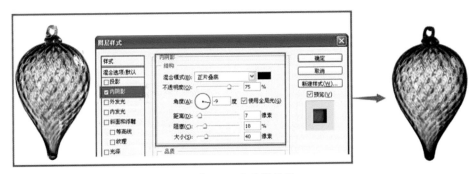

图1-77 内阴影效果

外发光与内发光:该样式通过设置"混合模式""不透明度""杂色""方法（阻塞）""扩展""大小"等参数，可产生图层外边缘或内边缘的发光效果，如图 1-78 所示。

图1-78 外发光与内发光效果

斜面和浮雕:该样式通过设置"样式""方法""深度""大小""软化""阴影"等参数，可为图层制作出立体浮雕效果，如图 1-79 所示。

内斜面效果　　外斜面效果

浮雕效果　　枕状浮雕效果　　描边浮雕效果

图1-79　斜面与浮雕效果（原图引自百度图片）

光泽：该样式通过设置"混合模式""不透明度""角度""距离""大小"等参数，为图层创建出光滑的磨光效果，如图 1-80 所示。

图1-80　光泽效果

颜色叠加、渐变叠加、图案叠加：分别使用单色、渐变色、图案叠加创造图层合成效果，如图 1-81 所示。

原图

颜色叠加效果

渐变叠加效果

图案叠加效果

图1-81　颜色叠加、渐变叠加、图案叠加效果

描边：该样式通过设置"大小""位置""混合模式""不透明度""填充类型""色彩"等参数，对当前图层轮廓进行描边，如图 1-82 所示。

图1-82 描边效果

3.3.2 图层混合模式

图层混合模式能够制作合成特效，是效果图后期处理制作的重要手段，图层混合模式分为 6 组 27 种，如图 1-83 所示。

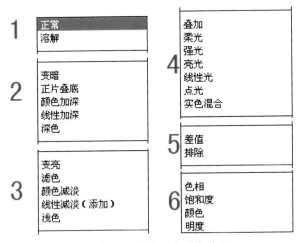

图1-83 图层混合模式选项

3.3.2.1 正常与溶解模式

正　　常：Photoshop 默认的图层混合模式。

溶　　解：根据当前图层透明像素的多少，显示出颗粒化的效果。

3.3.2.2 加深模式

变　　暗：上下方图层较暗的部分替代较亮的部分，图像整体变暗。

正片叠底：混合后的色彩比上下两个图层的色彩稍暗一些。

颜色加深：加深图像的色彩，常用于制作较为阴暗的效果。

线性加深：整体加深图像的色彩。

3.3.2.3 变亮模式

变　　亮：上下方图层较亮的部分替代较暗的部分，图像整体变亮。

滤　　色：暗色调被过滤，颜色越深的像素过滤得越多，对白色无效。

颜色减淡：提亮图像的色彩，常用于制作光源中心点较亮的效果。

线性减淡：提亮通道的基色，常用于制作较为明亮的效果，对黑色无效。

浅　　色：显示较亮的色彩，在基色和混合色中选取最大的通道值来显示。

3.3.2.4　光效混合模式

叠　　加：图像叠加时基色不变，最终合成效果取决于下方图层的色彩情况。

柔　　光：使颜色变亮或变暗，具体取决于混合色。若混合色比 50% 灰色亮，则图像变亮，若混合色比 50% 灰色暗，则图像变暗。

强　　光：与柔光混合模式效果类似，但合成的效果程度比柔光更大。

亮　　光：若混合色亮于 50% 灰色，图像降低对比度增加亮度，反之提高对比度使图像变暗。

线　性　光：若混合色亮于 50% 灰色，图像提高对比度增加亮度，反之降低对比度使图像变暗。

点　　光:若混合色亮于 50% 灰色，比原图暗的像素被置换，比原图亮的像素无变化；反之比原图亮的像素会被置换，比原图暗的像素无变化。

实色混合：创建出具有硬边缘的效果。

3.3.2.5　差值与排除模式

差　　值：上方图层减去下方图层对应处像素的颜色值。

排　　除：与差值混合模式类似，但合成的效果程度较低。

3.3.2.6　色彩混合模式

色　　相：由下方图层的明度、饱和度及上方图层的色相决定效果。

饱　和　度：由下方图层的色相、明度及上方图层的饱和度决定效果。

颜　　色：由下方图层的明度及上方图层的色相、饱和度决定效果。

明　　度：由下方图层的色相、饱和度及上方图层的明度决定效果。

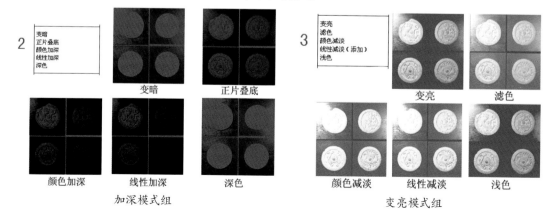

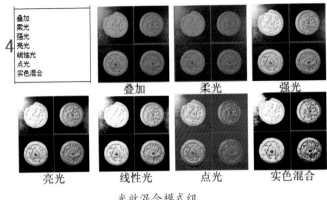

光效混合模式组

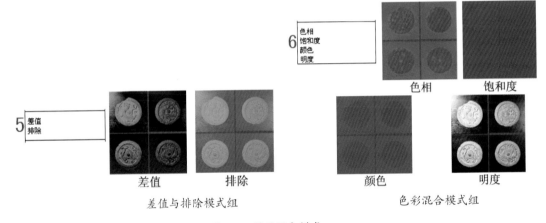

差值与排除模式组 色彩混合模式组

图1-84 图层混合模式

3.3.3 创建新的填充或调整图层

【创建新的填充或调整图层】 将色调的调整变成独立的调整图层，其调整结果影响其下方的全部图层，包括"创建新的填充图层"与"创建新的调整图层"。

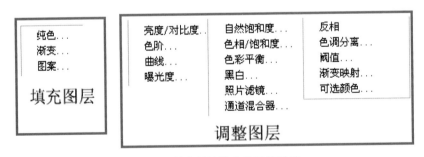

图1-85 创建新的填充或调整图层

3.3.4 图层蒙版

图层蒙版可对当前图层的像素隐藏或显现，图层蒙版分为透明、半透明、不透明三种形式。使用绘图工具在蒙版层上涂色时，蒙版层中只显示黑白灰三种色彩状态，蒙版上黑色表示该区域透明，图像隐藏；白色表示该区域不透明，图像完全可见；灰色表示该区域半透明，图像的显现程度由灰度的深浅决定，如图1-86所示。

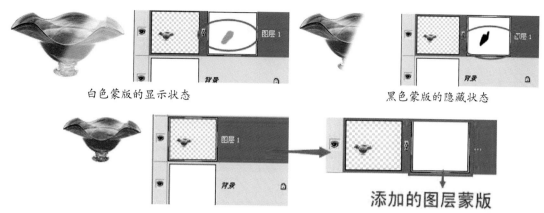

白色蒙版的显示状态　　　　　　　　　　　　　　黑色蒙版的隐藏状态

灰色蒙版的半透明状态

图1-86　图层蒙版的三种形态

在效果图后期处理中经常使用图层蒙版功能融合背景素材。以图 1-87 为例，添加的游船素材与背景对比过于突出，可以使用图层蒙版功能进行适当处理。在图层面板中选中"图层 1"，点击【添加图层蒙版】█ 按钮为"图层 1"添加图层蒙版，选中该图层蒙版后，选择【画笔工具】 ✒ 并使用黑色在游船素材的下方区域进行涂抹，隐藏游船及其周边不需要显示的部分，游船素材与背景效果图的融合程度得以提高。

游船素材

添加图层蒙版并适当处理

图1-87　使用图层蒙版融合背景（原图引自百度）

小贴士

使用图层蒙版的显示与隐藏功能，不代表隐藏的图像被删除，图像的像素信息依然保存于文件中。若需要显现某一部分图像，可选择绘图类工具并使用白色在蒙版层中涂抹显现。

3.3.5 剪贴蒙版

剪贴蒙版可以利用下方图层的形状限制上方图层的图像显示，即"下形状上颜色（纹理）"。如图 1-88 所示，欲对图中黄色区域进行图案填充。新建"图层 1"，"图层 0"中的黄色区域成为控制填充范围的"形状"，在"图层 1"中填充地面铺装图案，并执行【图层】—【创建剪切蒙版】命令，"图层 1"成为剪贴蒙版。对"图层 1"执行【编辑】—【自由变换】命令，可对填充的图案进行自由变换。

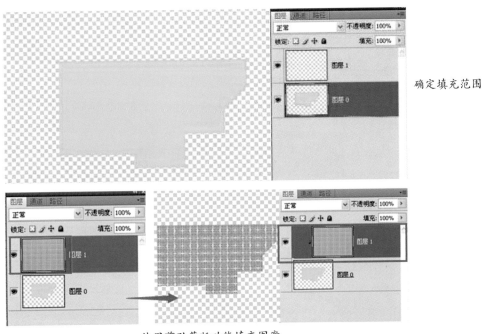

确定填充范围

使用剪贴蒙版功能填充图案

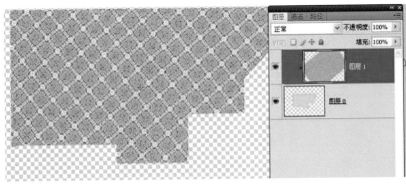

完成填充效果

图1-88 剪贴蒙版的使用

4　Photoshop CS4图像编辑

　　合理使用图像编辑命令调整或创作图像，可以进一步完善效果图，常用的编辑命令如图 1-89 所示。

图1-89　常用图像编辑命令

　　渐隐：在一定程度上还原操作命令效果，常配合调色命令使用。在渐隐命令中，【不透明度】选项决定效果还原的程度，【模式】选项提供了执行渐隐命令后与原图像的混合效果。

　　如图 1-90 所示，图形在执行了【色相/饱和度】命令后因调整程度过大导致色彩失真，可使用渐隐命令适当还原成原图效果。执行【编辑】—【渐隐】命令 渐隐色相/饱和度(D)...，在对话框中降低【不透明度】为 50%，并调整【模式】选项为【正片叠底】。

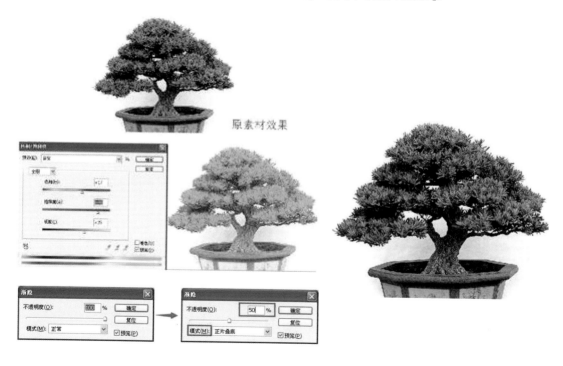

图1-90　渐隐命令还原效果

Photoshop 效果图后期处理制作

渐隐命令与还原命令的区别在于：还原命令直接回退至前一步骤不带有任何编辑命令效果的操作状态，渐隐命令不仅保留编辑命令效果，而且可以调整编辑命令的效果程度。

剪切：剪去指定区域的图像。如图 1-91 所示，剪切区域内图像时，若锁定背景层，则被剪切的区域显示背景色；若背景层解锁，则被剪切的区域显示空白像素。

选择图像　　　　锁定背景层的剪切效果　　　　解锁背景层的剪切效果
图1-91 剪切图像

合并拷贝：复制当前所有可见图层的图像信息，不受非同一图层无法复制的影响。如图 1-92 所示，在图层面板中选择任意一个图层，执行【选择】—【全部】命令全选图像。

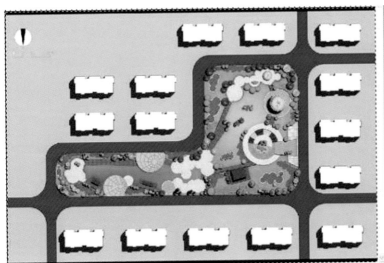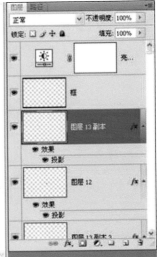

图1-92 全选图像

执行【编辑】—【合并拷贝】命令，复制当前可见图层图像，在新建文件中执行【编辑】—【粘贴】命令，此时粘贴的图像信息已被自动合并为同一图层，如图 1-93 所示。

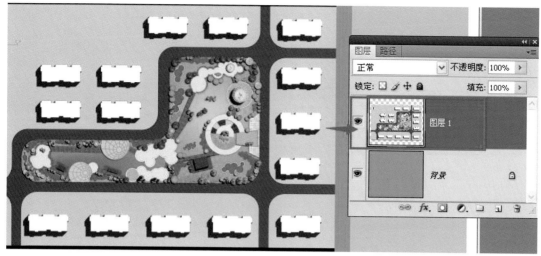

图1-93 粘贴图像

　　贴入：把剪切或复制的图像粘贴入选区里，该选区以图层蒙版的形式显示选区内的图像，并隐藏选区外的图像。如图1-94所示，准备将素材②中的天空效果代替素材①的天空效果。在素材②中执行【选择】—【全部】命令全选图像，再执行【编辑】—【拷贝】命令复制好图像信息，并制作出素材①中天空范围的选区。

素材①

素材②

全选并复制图像

制作天空选区范围

图1-94 复制图像并制作选区

在素材①中执行【编辑】—【贴入】命令，贴入之前复制的天空图像，再次编辑修改直至满意效果，如图 1-95 所示。

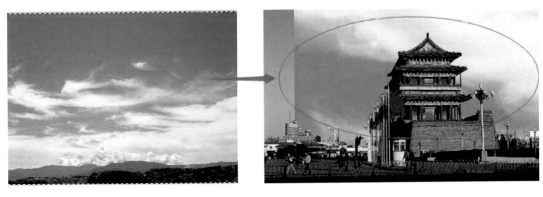

图1-95　贴入图像

清除：删除选区内的像素。若锁定背景层，则被删除的区域显示背景色；若背景层解锁，则被删除的区域显示空白像素。

填充：为图像填充指定的颜色或图案，常用于彩色平面图的制作。执行【编辑】—【填充】命令，在填充对话框中，提供了【使用】使用(U): 图案　的 8 个选项，【混合】选项的【模式】模式(M): 正常　决定执行填充命令后与原图像的混合效果，【不透明度】选项 不透明度(O): 100 ％ 决定填充的不透明度。

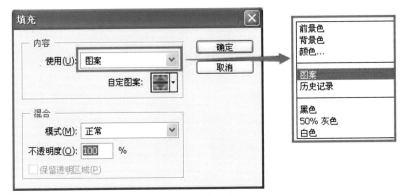

图1-96　填充内容

填充命令在默认情况下会填充整个图层，若要填充某种形状，则必须先制作好填充区域的选区。如图1-97、图1-98所示，准备对白色圆形区域内进行色彩填充，使用【魔棒工具】 点选图中白色部分制作选区，执行【编辑】—【填充】命令，在填充对话框中选择"前景色"选项对选区进行填充。

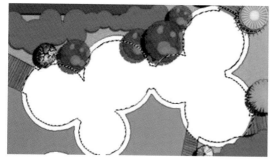
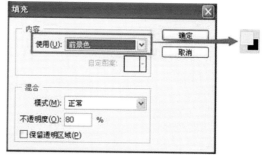

图1-97　制作选区并设置填充选项

图1-98　填充色彩

　　描边：强调形状的边缘效果，常用于彩色平面图的制作。在描边对话框中，【宽度】 宽度(W): 2px 指描边效果的大小，【颜色】 颜色: 指用于描边的色彩，【位置】 位置 ○内部(I) ⊙居中(C) ○居外(U) 指描边的具体范围，【模式】提供了描边色彩与原图像的混合效果，【不透明度】决定描边色彩透明程度。

　　若要描边某种形状，必须先制作好描边区域的选区，如图1-99所示，准备对蓝色区域进行描边，使用【魔棒工具】 点选图中蓝色部分制作选区，执行【编辑】—【描边】命令，在描边对话框中设置各类参数后对选区进行描边。

图1-99　制作选区

图1-100 设置描边选项完成描边

变换：变换命令组用于更改图像的大小、形状、角度。

再次(A)	Shift+Ctrl+T	旋转 180 度(1)
		旋转 90 度(顺时针)(9)
缩放(S)		旋转 90 度(逆时针)(0)
旋转(R)		
斜切(K)		水平翻转(H)
扭曲(D)		垂直翻转(V)
透视(P)		
变形(W)		

图1-101 变换命令组

缩放：放大或缩小图像的长宽比，按住【Shift】键可等比例缩放图像。

旋转：根据中心点的位置旋转图像的角度。

斜切：按照平行四边形的形状倾斜移动图像。

扭曲：控制图像四个句柄位置改变图像造型。

透视：控制句柄使图像得到近大远小的透视效果。

变形：通过调整"变形网格"和控制句柄对图像的形状进行更细致的变换操作。

效果图素材

缩放

旋转

斜切

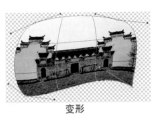

变形

扭曲

透视

图1-102 各类变换效果（原图引自百度图片）

自由变换:变换控制框内的四个句柄,可同时具备有"缩放""旋转""斜切""扭曲""透视"的功能,无需在变换命令中依次操作。

自动对齐图层:对已链接的图层自动对齐,如图 1-103 所示。

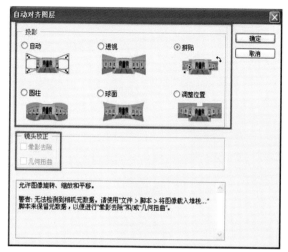

图1-103 自动对齐图层

自动混合图层:对已链接的图层自动叠加混合,如图 1-104 所示。

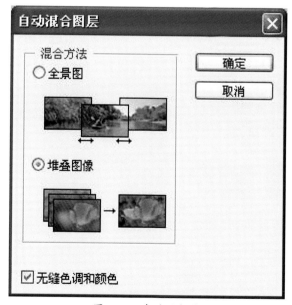

图1-104 自动混合图层

定义画笔预设:该命令可以将指定的图形定义成画笔笔尖形状。选择拟定义为画笔的图像,执行【编辑】—【定义画笔预设】命令,并为画笔命名。选中【画笔工具】 ，点击【切换画笔面板】 按钮,在画笔面板对话框中找到已定义好的画笔笔尖,即可绘制该笔尖效果,如图 1-105 所示。

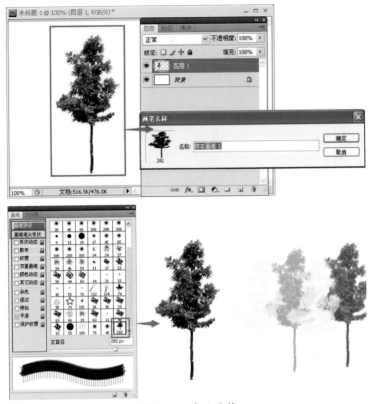

图1-105 定义画笔

定义图案：将图像定义成为图案用于填充效果，与定义画笔的方法相同，如图 1-106 所示。

图1-106 定义图案

定义自定形状：将路径定义成形状用于形状工具的使用，如图1-107 所示。

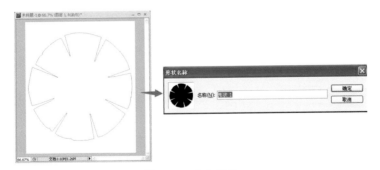

图1-107 定义形状

图像大小：用于更改图像的大小，执行【图像】—【图像大小】命令，在对话框中调整图像的像素大小或文档大小，如图 1-108 所示。

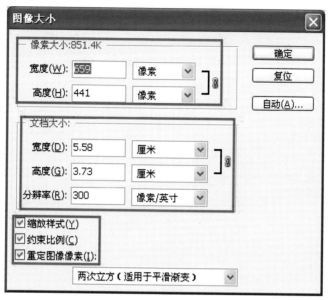

图1-108　更改图像大小

画布大小：用于更改图像的幅面大小，但不影响图像的像素，如图 1-109 所示。

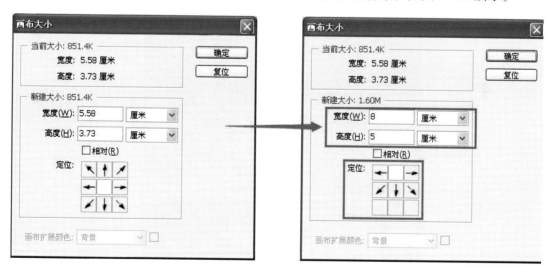

图1-109　更改画布大小

5 Photoshop CS4色彩调整

图像色彩调整命令的使用贯穿效果图后期制作的全过程，常用的调色命令如图 1-110
所示。

亮度/对比度 (C)...	
色阶 (L)...	Ctrl+L
曲线 (U)...	Ctrl+M
曝光度 (E)...	
自然饱和度 (V)...	
色相/饱和度 (H)...	Ctrl+U
色彩平衡 (B)...	Ctrl+B
黑白 (K)...	Alt+Shift+Ctrl+B
照片滤镜 (F)...	
通道混合器 (X)...	
反相 (I)	Ctrl+I
色调分离 (P)...	
阈值 (T)...	
渐变映射 (G)...	
可选颜色 (S)...	

阴影/高光 (W)...	
变化 (N)...	
去色 (D)	Shift+Ctrl+U
匹配颜色 (M)...	
替换颜色 (R)...	
色调均化 (Q)	
自动色调 (N)	Shift+Ctrl+L
自动对比度 (U)	Alt+Shift+Ctrl+L
自动颜色 (O)	Shift+Ctrl+B

图1-110 常用调色命令

亮度/对比度：增加或减少图像的亮度和颜色对比程度。如图 1-111 所示，提高图像
的亮度并增加全局对比效果。

图1-111 增加图像亮度与对比度

色阶：通过调整图像中的暗调、中间调和高光区域的色阶分布情况来增强图像的对比，如图1–112所示。

图1–112　调整色阶增加亮度

曲线：可较为精确调整图像的色调和明暗关系。执行【图像】—【调整】—【曲线】命令，在曲线对话框中，"输入"表示图像调整前的色阶状态，"输出"表示图像调整后的色阶状态，如图1–113所示。

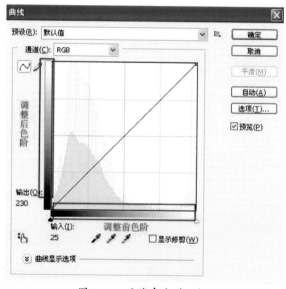

图1–113　曲线命令对话框

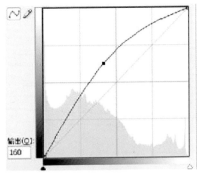

图1-114 调整曲线增加亮度

曝光度:调整拍摄中产生的曝光过度或曝光不足的现象。如图 1-115 所示,拍摄的图像曝光不足。执行【图像】—【调整】—【曝光度】命令,设置"曝光度"参数为 +1.2,"位移"参数为 0,"灰度系数校正"参数为 1.0。

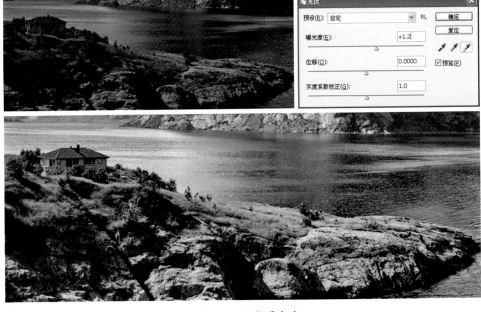

图1-115 调整曝光度

自然饱和度：增加图像中不饱和像素的饱和度，对已饱和的像素只作微弱的调整。如图 1-116 所示，图像中部分像素的饱和度不足，执行【图像】—【调整】—【自然饱和度】命令，调整“自然饱和度”参数为 +89，“饱和度”参数为 +60。

图1-116 调整自然饱和度

色相 / 饱和度：改变图像的整体色彩、饱和程度、明暗程度。如图 1-117 所示，执行【图像】—【调整】—【色相 / 饱和度】命令，保持明暗程度不变，修改图像的色相参数值，增加图像的饱和度，图像的整体色彩效果与原图产生了较大的反差。

图1-117 调整色相/饱和度

色彩平衡：用于校正图像的偏色现象。如图 1-118 所示，执行【图像】—【调整】—【色彩平衡】命令，在"色调平衡"选项中选择"中间调"选项，设置"色彩平衡"参数为 -30、+22、-13。

图1-118 调整中间调

黑白：转换彩色图像为灰度图像，并将灰度图像调整为单一色彩的图像。执行【图像】—【调整】—【黑白】命令，彩色图像即转换成灰度图像，在对话框中通过设置"红色""黄色""绿色""青色""蓝色""洋红"等选项参数，可对灰度图像进行更细微的调整，如图1-119 所示。

图1-119 转换为灰度图像（素材引自昵图网）

勾选对话框中的"色调"选项 ☑色调(I)　，在右侧颜色框内选择单色并调整饱和度，可将灰度图像制作成单一色彩的图像，如图 1-120 所示。

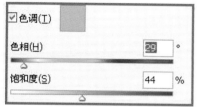

图1-120　制作单一色彩效果

照片滤镜：模拟相机镜头的彩色滤镜效果。"滤镜"选项中可选择滤镜种类，"颜色"选项中可选择添加滤镜的颜色，"浓度"数值决定滤镜效果的程度，如图 1-121 所示。

图1-121　照片滤镜效果（素材引自百度）

通道混合器:使用红绿蓝通道的混合值修改图像的色彩,常用于制作特殊的调色效果。制作效果时先确定输出通道的色彩,再分别调整其他通道参数,如图 1-122 所示。

图1-122 通道混合效果

通道混合器还可用于制作高品质的灰度图片,勾选对话框下方的"单色" ☑单色(H) 选项,将图像转换为灰度图像后,分别调整"红色""绿色""蓝色""常数"选项,可精确调整灰度图像的效果,如图 1-123 所示。

图1-123 灰度图像调整效果

反相：将图像中的色彩按照互补色原理进行显示，常用于制作胶片效果，如图 1-124 所示。

图1-124　反相效果

色调分离：分离图像的色调，执行【图像】—【调整】—【色调分离】命令，对话框中"色阶"值越小，图像色调的分离越明显，如图 1-125 所示。

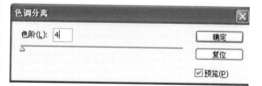

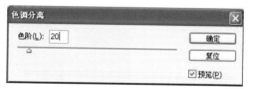

图1-125　不同"色阶"值的效果

阈值:转换图像为强烈的黑白对比效果。执行【图像】—【调整】—【阈值】命令,"阈值色阶"参数的大小决定阈值效果中图像黑白像素的数量,如图 1-126 所示。

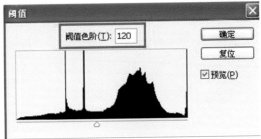

图1-126 阈值效果

渐变映射:为图像添加渐变颜色的叠加效果。执行【图像】—【调整】—【渐变映射】命令,在对话框中选择或调整渐变类型,即可为图像添加渐变映射效果,如图 1-127 所示。

图1-127 渐变映射效果

可选颜色：有选择性地修改主要色彩中的数量，却不影响其他色彩。如图 1-128 所示，要修改建筑的外观色彩，执行【图像】—【调整】—【可选颜色】命令，先确定修改的颜色为红色，逐次更改"青色""洋红""黄色""黑色"等参数，改变建筑色彩。

图1-128　更改色彩

阴影 / 高光：控制图像的阴影或高光效果，常用于修改曝光过度的图像。"阴影数量"控制图像较暗的像素，"高光数量"控制图像较亮的像素，如图 1-129 所示。

图1-129　阴影/高光命令

变化：调整图像的整体色彩平衡、饱和度、亮度对比度，常用于处理不需要非常精确调色的图像。调色时点击对话框中"绿色""黄色""青色""红色""蓝色""洋红"即可对图像原有的色调进行加深修改，点击次数越多的颜色，该颜色加深的次数越多。若点击不同的颜色，则自动进行色彩混合处理，如图 1–130 所示。

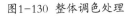
图1–130 整体调色处理

去色：去除图像的色彩，使之成为灰度图像，如图 1-131 所示。

图1-131　图像去色

【去色】命令与【黑白】、【通道混合器】命令都可将彩色图像转换为灰度图像，不同的是，【去色】命令是一次性转换，且无法调整灰度细节，【黑白】、【通道混合器】命令可精确调整转换后的灰度图像。

匹配颜色：使一副图像（目标图像）拥有另外一副图像（源图像）的色调效果。打开目标图像与源图像，执行【图像】—【调整】—【匹配颜色】命令，设置"目标图像""图像选项""图像统计"等参数，匹配源图像的色调与目标图像的色调混合，效果如图 1-132 所示。

目标图像与源图像

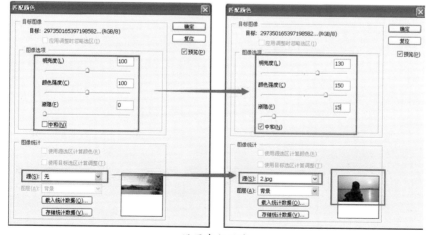

设置参数信息

图1-132 匹配颜色效果（素材引自百度图片）

替换颜色：用指定的色彩代替图像中的特定色彩。如图1-133所示，执行【图像】—【调整】—【替换颜色】命令，通过修改"颜色容差"值确定替换颜色的区域，逐次修改对话框中"色相""饱和度""明度"参数数值，达到替换颜色的目的。

图1-133 替换颜色后效果（素材引自百度图片）

色调均化：增加图像对比度的同时将图像最亮的色调转换成白色，最暗的色调转换成黑色，其他像素自动进行调整，如图 1-134 所示。

图1-134　色调均化效果（素材引自昵图网）

自动色调：自动调整图像的色调，去除图像中的一些像素或引入一种色偏，如图 1-135 所示。

图1-135　自动色调效果（素材引自昵图网）

自动对比度：自动调整图像的对比程度，使高光更亮，暗调更暗，如图 1-136 所示。

图1-136　自动对比度效果（素材引自昵图网）

自动颜色：自动调整图像的色彩至协调的效果，如图 1–137 所示。

图1–137 自动颜色效果（素材引自昵图网）

6 Photoshop CS4常用滤镜

滤镜功能主要用来制作图像的特殊效果，大多数艺术特效都可通过滤镜命令实现。

在滤镜命令面板中，每一种滤镜都代表不同的特效。滤镜功能主要包括【风格化】、【画笔描边】、【模糊】、【扭曲】、【锐化】、【视频】、【素描】、【纹理】、【像素化】、【渲染】、【艺术效果】、【杂色】、【其他】等 13 个滤镜组以及【滤镜库】、【液化】、【消失点】等 3 个特殊功能。

6.1 滤镜库

在滤镜库中，可对当前操作的图像同时应用多个相同或不同功能的滤镜命令，如图 1–138 所示。

图1–138 滤镜库

对图像添加滤镜效果时，在右侧的参数面板中可同步编辑滤镜特效参数。

图1-139　添加滤镜效果

点击【新建效果图层】 ，新建一个效果图层，选择一种滤镜效果，滤镜效果将在原有基础上自动叠加。若对滤镜效果不满意，点击【删除效果图层】 将滤镜效果删除即可。

图1-140　滤镜效果叠加

6.2　液化

【液化】滤镜可让图像产生变形效果。

图1-141　液化扭曲效果（背景素材引自昵图网）

6.3　消失点

在消失点滤镜工具选定的图像区域内进行复制、粘贴图像等操作时，会自动应用透视原理，按照透视的角度和比例来自适应图像的修改。

如图 1-142 所示，可使用消失点滤镜工具在地面上添加白色标识线。执行【滤镜】—【消失点】命令，在对话框中点击【创建平面工具】 ，框选需要处理的路面范围，点击【编辑平面工具】 可修改框选区域。确定框选范围后，点击【选框工具】 ，框选已制作完成的白色地面标识，将鼠标移至选区范围内，按【Alt】键不放进行拖动，可自动复制出框选图案并产生透视效果，继续复制地面标识，并注意地面标识之间的间距。

素材效果　　　　　　　　　　　制作标识线

框选路面范围　　　　　　　　　　修改范围

框选标识图　　　　　　　　　　复制并产生透视效果

图1-142　消失点工具制作标识线

6.4　风格化滤镜组

风格化滤镜组的命令可为图像创造出绘画效果以及强调图像边缘的效果。

查找边缘：强调图像中的边缘效果。

图1-143　【查找边缘】效果

等高线：在主要亮度区域进行过渡，得到线描效果。

图1-144　【等高线】效果

浮雕效果：制作出带有灰度的半浮雕效果。

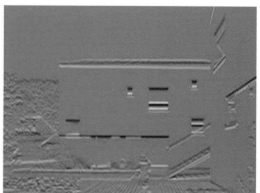

图1-145　【浮雕效果】效果

6.5　画笔描边滤镜组

画笔描边滤镜组主要通过模拟不同的艺术画笔笔触特征制作绘画效果。

成角的线条：使图像产生倾斜笔触的图像。

图1-146　【成角的线条】效果

墨水轮廓：可以产生使用水笔勾画图像轮廓线的效果。

图1-147　【墨水轮廓】效果

喷溅：让图像拥有被雨水冲涮过的效果。

图1-148　【喷溅】效果

6.6　模糊滤镜组

模糊滤镜组的命令使图像中产生模糊效果，制造较柔和的视觉感受。

表面模糊：对图像模糊处理的同时保留图像色彩的边缘。

图1-149　【表面模糊】效果

动感模糊：使图像产生动感视觉效果，例如表现马路上行驶的汽车。

选择汽车图层，在汽车的尾部制作选区，设定羽化值为20，执行【滤镜】—【模糊】—【动感模糊】命令，"角度"为0，"距离"为39，如图1-150所示。

图1-150　车尾动感模糊效果

高斯模糊：类似【方框模糊】命令，产生一种朦胧的视觉效果。

图1-151　【高斯模糊】效果

径向模糊：模拟移动镜头或旋转镜头产生的模糊效果。

图1-152　【径向模糊】效果

镜头模糊：对图像产生增加景深的模糊效果。

图1-153　【镜头模糊】效果

6.7　扭曲滤镜组

扭曲滤镜组的功能大多用于变形图像，造出特殊的三维效果或其他形状上的变化。

波浪：产生波浪形状的扭曲效果。

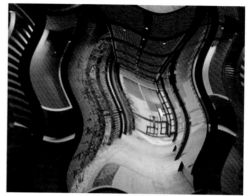

图1-154　【波浪】效果

波纹：制作类似水波波纹的效果。

图1-155　【波纹】效果

玻璃：模拟玻璃效果。

图1-156　【玻璃】效果

水波：使图像产生水波的涟漪效果。

图1-157 【水波】效果

6.8 锐化滤镜组

锐化滤镜组的功能可以增加图像的对比度，产生更加清晰的视觉效果。

USM 锐化：加强图像边缘的对比，使画面整体更加清晰。如图下所示，执行【滤镜】—【锐化】—【USM 锐化】命令，设置"数量"参数为105，"半径"参数为3.2，"阈值"参数为19，图像的边缘对比程度得到加强。

图1-158 【USM锐化】效果

锐化：简单的锐化效果，锐化程度较为轻微。

图1-159 【锐化】效果

锐化边缘：锐化图像的边缘，保留图中其他位置像素的平滑度。

图1-160　【锐化边缘】效果

智能锐化：使图像在锐化过程中产生较为细致的画质效果。

图1-161　【智能锐化】效果

6.9　素描滤镜组

素描滤镜组多用于模拟手绘图像效果，多使用前景色和背景色制作特效。

粉笔和炭笔：使图像具有炭笔与粉笔结合的素描效果。

图1-162　【粉笔和炭笔】效果

绘图笔：用线型表现出图像的细节部分。

图1-163 【绘图笔】效果

水彩画纸：类似在水彩纸上的涂抹效果，同时融合图像的色彩。

图1-164 【水彩画纸】效果

炭笔：创建炭笔绘制的素描效果。

图1-165 【炭笔】效果

炭精笔：模拟炭精笔绘制的纹理效果。

图1-166 【炭精笔】效果

6.10　纹理滤镜组

纹理滤镜组主要用于为图像增加特殊的纹理，使图像具有一定的凹凸效果。

龟裂缝：使图像表面产生明显的裂纹效果。

图1-167　【龟裂缝】效果

马赛克拼贴：为图像增加马赛克纹理表面的效果。

图1-168　【马赛克拼贴】效果

纹理化：加入不同材质的纹理效果至图像中。

图 1-169 【纹理化】效果

6.11 像素化滤镜组

像素化滤镜组可以将图像转变为相应的色块效果。

彩块化：使图像中的相近色彩重新组合，制作出类似手绘的效果。

图1-170 【彩块化】效果

马赛克：使图像形成模糊的马赛克效果。

图1-171 【马赛克】效果

碎片：令图像产生碎片化的分散效果。

图1-172　【碎片】效果

6.12　渲染滤镜组

渲染滤镜组在效果图后期制作中常用于配合场景需要创建局部特效。

分层云彩：随机生成云彩图案。

新建文件，执行【滤镜】—【渲染】—【分层云彩】命令，随机生成黑白云彩效果。如配合图层样式可以制作出云彩或雾气效果，如图 1-173 所示。

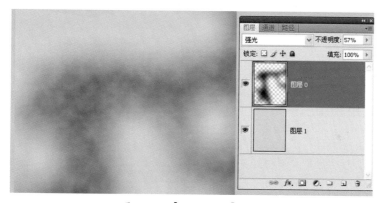

图1-173　【分层云彩】效果

光照效果：可以通过多种光照样式、光照类型和光照属性制作出光照效果。

图1-174　【光照】效果

镜头光晕：模拟光线照射到镜头所产生的光折射效果。

图1-175【镜头光晕】效果

云彩：产生云彩图案，多用于制作云彩或雾气效果。

执行【滤镜】—【渲染】—【云彩】命令，自动生成云彩效果，结合【橡皮擦工具】
，擦除多余部分像素后效果如图1-176所示。

图1-176 【云彩】效果

6.13 艺术效果滤镜组

艺术效果滤镜组的功能可以使图像产生各种不同的艺术画作效果。

壁画：使图像形成一种仿古壁画的效果。

图1-177 【壁画】效果

彩色铅笔：生成彩色铅笔的绘制效果。

图1-178　【彩色铅笔】效果

粗糙蜡笔：制作蜡笔在图像上的描边效果。

图1-179　【粗糙蜡笔】效果

干画笔：使图像产生油画的干枯画法特效。

图1-180　【干画笔】效果

绘画涂抹：使图像拥有类似油画的画质效果。

图1-181　【绘画涂抹】效果

木刻：使图像产生高对比度，具有剪影图的效果。

图1-182 【木刻】效果

水彩：使图像形成类似水彩画的效果。

图1-183 【水彩】效果

6.14 杂色滤镜组
杂色滤镜组的功能主要用于校正图像中的瑕疵或配合图层模式制作特殊效果。
减少杂色：针对图像中的杂色进行消除处理。

图1-184 【减少杂色】效果

蒙尘与划痕：使图像产生一定的模糊与划痕效果。

图1-185 【蒙尘与划痕】效果

添加杂色：给图像添加随机像素杂点。

图1-186 【添加杂色】效果

中间值：能够使图像产生糅合像素的模糊效果。

图1-187 【中间值】效果

6.15　其他滤镜组

高反差保留：保留图像中色彩明显的边缘细节，并隐藏图像的其他部分。

图1-188　【高反差保留】效果

最大值：具有收缩的效果，向外扩展白色区域，收缩黑色区域。

图1-189　【最大值】效果

最小值：具有扩展的效果，向外扩展黑色区域，收缩白色区域。

图1-190　【最小值】效果

第2部分

效果图后期制作常用表现技法

1 图像透视效果的调整

现场拍摄的照片由于拍摄原因常造成透视角度过大的现象，如图 2-1 所示，通过图中红线方向可以清楚看到，建筑没有完全垂直，虽属于正常的三点透视现象，但影响了视觉效果。

图2-1 透视角度过大

步骤 1：执行【视图】—【标尺】命令调出参考线，使用【移动工具】 ▶╈ 将参考线拖至建筑边线上作为参照，如图 2-2 所示。

图2-2 设置参考线

步骤 2：执行【编辑】—【变换】—【斜切】命令，控制图像上方左右两个句柄并调整至合适的位置，按【Enter】键确定，完成透视角度的调整，如图 2-3 所示。

图2-3 调整透视效果

除了使用【斜切】命令，还可以使用【自由变换】命令调整图像的透视效果。执行【编辑】—【自由变换】命令，调整图像上方两个句柄，完成透视角度调整。

2 水面倒影效果的制作

步骤1：复制背景图层，在复制图层中执行【编辑】—【变换】—【垂直翻转】命令，反转图层后，将其移动到背景图层下方，如图2-4、图2-5所示。

图2-4 场景效果图（引自百度图片）

图2-5 反转复制图层

步骤2：擦除反转图层中多余的图像，如图2-6所示。

图2-6 擦除反转图层中多余的图像

步骤3：选择背景图层，执行【图像】—【画布大小】命令，增加画布的下半部分空间，如图 2-7 所示。

图2-7 增加画布尺寸

步骤4：选择反转图层，执行【滤镜】—【扭曲】—【海洋波纹】命令，调整"波纹大小"参数为 15，"波纹幅度"参数为 3，倒影效果如图 2-8 所示。

图2-8 【海洋波纹】命令效果

在倒影图层中执行【Ctrl+T】命令，适当压缩图像形状。

图2-9　变换倒影形状

步骤5：在倒影图层上执行【滤镜】—【模糊】—【高斯模糊】命令，设置"半径"参数为0.7像素，如图2-10所示。

图2-10　模糊倒影

现实中的水面倒影并没有太强烈的对比，应适当降低倒影图像的明度和对比度，执行【图像】—【调整】—【亮度/对比度】命令，调整水面倒影效果，如图2-11所示。

图2-11　降低倒影亮度和对比度

步骤 6：复制倒影图层，图层模式调整为【叠加】，图层不透明度范围在 35%~40% 之间，完成水面倒影的最终效果，如图 2-12、图 2-13 所示。

图2-12 调整图层模式

图2-13 最终水面倒影效果

3 阴影效果的制作

步骤 1：执行【Ctrl+J】命令，复制效果图素材为副本图层，在副本图层中执行【图像】—【调整】—【色阶】命令，将副本图层调整成全黑效果，如图 2-14、图 2-15 所示。

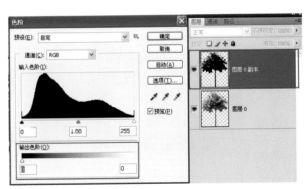

图2-14 效果图素材　　　　　　　　图2-15 调整色阶

步骤 **2**：将副本图层置于原图层的下方，执行【Ctrl+T】命令，将其变换成投影形状并降低图层不透明度，如图 2-16 所示。

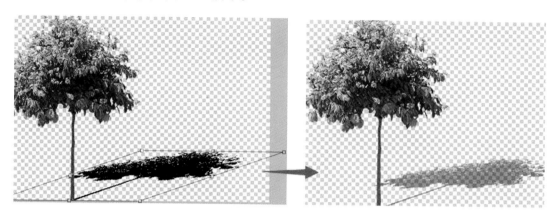

图2-16 阴影基本效果

步骤 **3**：使用【模糊工具】、【减淡工具】，在投影的外缘部分进行涂抹，弱化其边缘强度，完成阴影制作，如图 2-17 所示。

图2-17 最终效果

4 玻璃效果的制作

玻璃会随着观察角度、光线强弱等因素产生不同的视觉效果，同时玻璃具有透射和反射的现象，制作玻璃效果时应注意这些特性。

步骤 **1**：选择玻璃窗范围，执行【Ctrl+J】命令，复制已选定的选区为图层 1，如图 2-18、图 2-19 所示。

图2-18 场景效果图（引自昵图网）

图2-19 制作选区图层

选择蓝灰色对"图层1"填充，模拟天空的反射效果，如图2-20所示。

图2-20 填充蓝灰色

步骤 2: 更改"图层 1"的图层模式为【变亮】,降低图层不透明度至 60%,如图 2-21 所示。

图2-21 更改图层模式与不透明度

步骤 3: 在【图层 1】中选择玻璃的反光部分,如图 2-22 所示。

图2-22 选择玻璃反光部分

步骤 4: 对选区执行【Ctrl+Shift+I】(反向选择)命令,按【Delete】键删除反向选区中的图像,如图 2-23 所示。

图2-23 反光效果制作

步骤 5：选择一张合适的室内背景图，按【Ctrl+A】全选后，按【Ctrl+C】复制，回到场景文件中选中【图层 1】，执行【编辑】—【贴入】命令，调整室内背景图的大小及位置，并将【图层 1】拖动到图层面板的最上方，如图 2-24、图 2-25 所示。

图2-24 贴入室内图像

图2-25 室内透射效果

步骤 6：选择合适的图片素材,进行抠图处理后作为玻璃上的反射图像,如图 2-26 所示。

图2-26 反射图像效果

步骤 7：按【Ctrl+C】复制，回到场景文件中选择【图层 1】，按住【Ctrl】键并单击【图层 1】，全选【图层 1】内的像素，执行【编辑】—【贴入】命令，贴入素材，如图 2-27 所示。

图2-27　贴入反射素材

步骤 8：调整反射素材图层的大小、位置，执行【图像】—【调整】—【色阶】命令将其改成黑色后适当调整图层不透明度，完成玻璃的最终效果，如图 2-28 所示。

图2-28　最终玻璃效果

5　室内灯光效果的制作

5.1　灯带效果的制作

如图所示，渲染图中的灯带效果不够理想，可通过后期处理手段加以修饰完善。

图2-29 场景效果图（引自篱笆网）

步骤 1：复制原图并新建一个图层，命名为"灯带"图层，如图 2-30 所示。

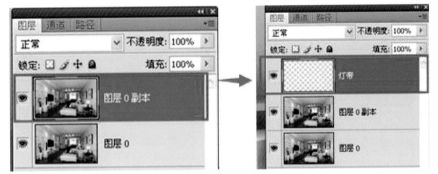

图2-30 新建图层

步骤 2：使用【钢笔工具】 勾勒出需要制作灯带的路径，如图 2-31 所示。

图2 31 描绘灯带路径

步骤 3：设置【画笔工具】 的笔尖为柔和效果 ，将工具切换成【钢笔工具】 ，单击右键，选择【描边路径】命令，对灯带进行描边，并删除"灯带"图层中多余的色光，如图 2-32、图 2-33 所示。

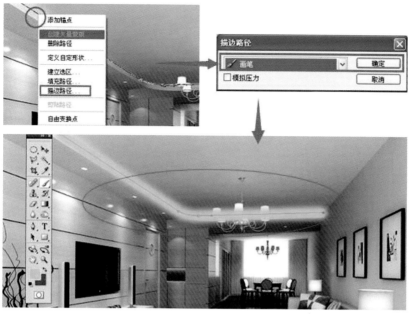

图2-32 路径描边处理

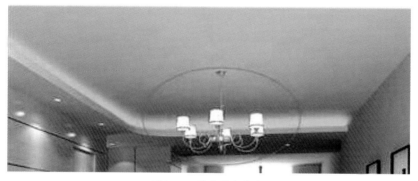

图2-33 删除多余色光

步骤4：更改"灯带"图层的图层模式为【滤色】，调整"不透明度"为75%，完成灯带效果的制作，如图2-34所示。

图2-34 更改图层模式和不透明度

图2-35 最终灯带效果图

5.2 光晕效果的制作

如图 2-36 所示，为使场景气氛更加生动和谐，可添加射灯的光晕效果进行修饰。灯光在空间上分为远近层次，制作光晕效果时也要按照远近空间关系模拟光晕的强弱对比。

图2-36 场景效果图（引自图片114网）

步骤 1: 建立新图层并命名为光晕图层,填充黑色。在新建图层上执行【滤镜】—【渲染】—【镜头光晕】命令,在镜头光晕对话框中,选择"50-300 毫米变焦"镜头类型,设置"亮度"参数为100%,设置好光晕位置, 如图 2-37 所示。

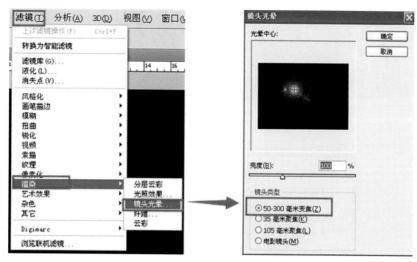

图2-37　添加镜头光晕

步骤2：将"光晕"图层的图层模式更改为【滤色】，执行【Ctrl+T】命令，将光晕缩放至合适的大小，如图2-38所示。

图2-38　变换光晕大小

步骤3：使用【椭圆选框工具】 ，设置羽化值为5px，在光晕图层中制作大小合适的选区，执行【选择】—【反向】命令，按【Delete】键删除多余部分，如图2-39所示。

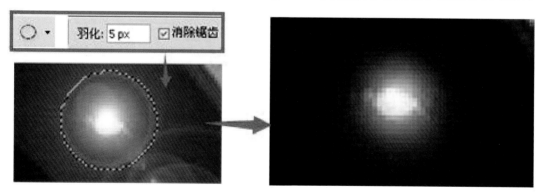

图2-39　光晕效果

步骤4：复制光晕选区并移动到正确的位置，按空间透视关系调整大小，空间距离观测点越近的光晕对比度越强，越远的对比度越弱，完成最终的光晕效果，如图2-40所示。

图2-40 最终光晕效果

在空间中除了前后大小关系外，光晕效果还有虚实的关系，空间位置越近的光晕对比度越强，越远的对比度越弱；光晕色彩要根据室内整体色彩来确定其冷暖变化。

5.3 光柱效果的制作

图2-41 场景效果图（引自百度图片）

步骤 1：新建图层，使用【椭圆选框工具】 在新图层上绘制一个圆形选区，设置【羽化】值为 10px，使用黄色系色彩填充选区，如图 2-42 所示。

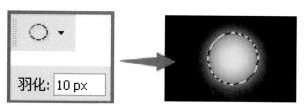

图2-42 填充选区

步骤2：执行【Ctrl+T】命令变换圆形选区，配合【Ctrl】键，拖动控制框上的变换句柄进行形状变换，直至得到满意的光柱形状，如图 2-43 所示。

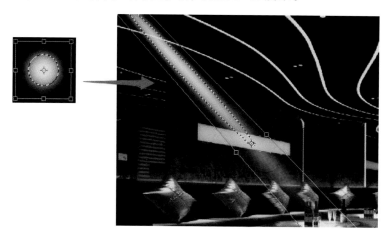

图2-43 变换光柱形状

确定光柱形状后，选择【橡皮擦工具】 ，在工具选项条中分别设置"不透明度"与"流量"参数为 40%，擦除光柱中过于明亮的部分，如图 2-44 所示。

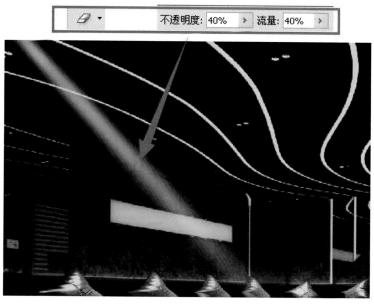

图2-44 修饰光柱

步骤3：使用【椭圆选框工具】 ，设置羽化值为15px，对选区填充黄色，在地面上绘制椭圆选区，制作光柱投射到地面的范围，如图2-45所示。

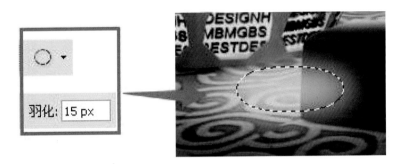

图2-45 制作地面光色

执行【Ctrl+T】命令，调整地面光照效果的区域大小后，擦除多余的部分，如图2-46所示。

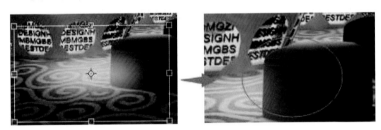

图2-46 完善地面光色

步骤4：同上，分别新建图层，依次制作出紫色、蓝色等光柱及地面光照效果，完成光柱的最终效果，如图2-47所示。

图2-47 最终光柱效果

5.4 光域效果的制作

步骤 1：如图 2-48 所示，准备在场景效果图的红色区域内添加光域网效果。

图2-48 场景效果图（引自百度图片）

步骤 2：为场景添加合适的光域网素材图片，如图 2-49 所示。

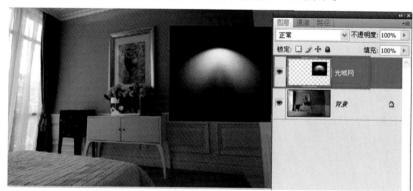

图2-49 添加光域网素材

步骤 3：更改"光域网"的图层模式为【滤色】，将素材的黑色背景过滤清除，如图 2-50 所示。

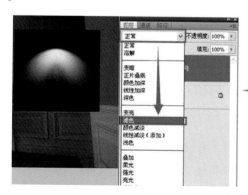

图2-50 【滤色】模式效果

步骤 4：使用【橡皮擦工具】 ▱ 擦除光域网素材边缘多余的像素，执行【Ctrl+T】命令，调整素材比例，移动至合适的位置，更改图层"不透明度"参数为 80%，如图 2-51 所示。

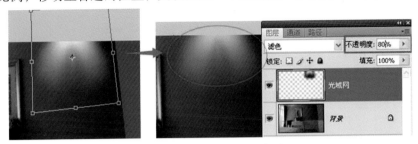

图2-51 调整"光域网"素材

步骤 5：复制光域网图层到其他位置，调整大小及图层不透明度，完成最终的光域效果，如图 2-52、图 5-53 所示。

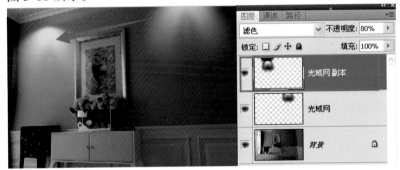

图2-52 复制"光域网"图层

图2-53 最终光域效果

光域网是一种关于光源亮度分布的三维表现形式，是灯光的一种物理性质，确定光在空气中发散的方式，常用于模拟室内空间中的光照效果。

6 日景光效的制作

6.1 使用滤镜制作光照效果

步骤1：复制背景图层，在图层副本上执行【滤镜】—【模糊】—【动感模糊】命令，调整"角度"参数为 –22，"距离"参数为 90 像素，如图 2–54 所示。

图2-54 场景效果图（引自百度图片）

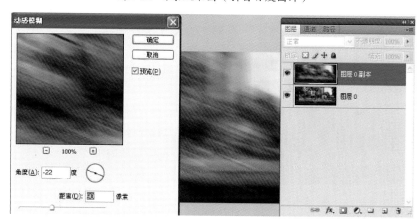

图2-55 【动感模糊】命令

步骤2：将图层模式更改为【强光】，如图 2–56 所示。

图2-56 更改图层模式

步骤3：使用【橡皮擦工具】 ![icon] 擦除多余的部分，完成最终效果，如图 2-57 所示。

图2-57 最终光照效果

6.2 使用画笔制作光照效果

步骤1：新建图层，使用【画笔工具】 ![icon] ，选择柔和边缘的笔尖，调整笔尖大小后用暖色系色彩勾勒出光线照射的范围，如图 2-58、图 2-59 所示。

图2-58 场景效果图（引自百度图片）

图2-59 绘制光线位置

步骤2:执行【滤镜】—【模糊】—【高斯模糊】命令，调整"半径"参数为40像素。

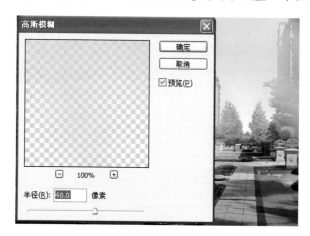

图2-60　执行【高斯模糊】

　　步骤3:使用【橡皮擦工具】  擦除多余部分后，更改图层模式为【强光】，调整"不透明度"参数为70%，完成最终效果，如图2-61所示。

图2-61　最终光照效果

7 夜景效果的制作

步骤 1：使用选择工具选中建筑中带有玻璃的门窗范围，如图 2-63 所示。

图2-62 场景效果图（引自百度图片）

图2-63 选择门窗

步骤2：执行【Ctrl+J】命令，将选区制作为新图层（图层1），如图2-64所示。

图2-64　制作指定内容图层

步骤3：将背景图层复制一份，选择"背景副本"图层，执行【图像】—【调整】—【色相/饱和度】命令，设置"明度"参数为-70，营造昏暗的环境效果，如图2-65所示。

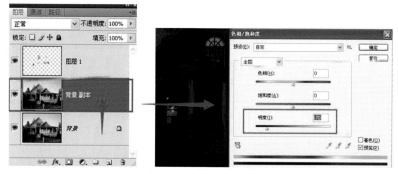

图2-65　降低图像明度

步骤4：按住【Ctrl】键，单击"图层1"，全选"图层1"中的像素，执行【选择】—【修改】—【羽化】命令，羽化值为10px，如图2-66所示。

图2-66　羽化选区

步骤 5：执行【图像】—【调整】—【色相/饱和度】命令，在对话框中勾选"着色"选项，并逐项调整色相、饱和度、明度参数达到满意的视觉效果，如图 2-67 所示。

图2-67 调整色相/饱和度/明度

步骤 6：双击"图层 1"弹出图层样式对话框，为"图层 1"添加【外发光】效果，设置"混合模式"为【滤色】，"不透明度"为 65%，"杂色"为 0，"方法"为柔和模式，"扩展"为 4%，"大小"为 35 像素，"范围"为 45%，"抖动"为 0%。

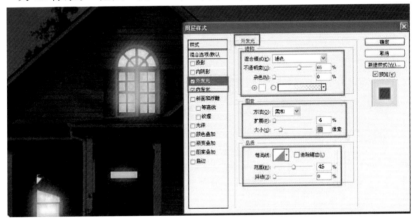

图2-68 编辑【外发光】参数

步骤 7：为"图层 1"添加【内发光】效果，设置"混合模式"为【滤色】，"不透明度"为 65%，"杂色"为 0，"方法"为柔和模式，并选择边缘选项；"阻塞"为 100%，"大小"为 6 像素；"范围"为 55%，"抖动"为 55%，完成夜景的最终效果，如图 2-69、图 2-70 所示。

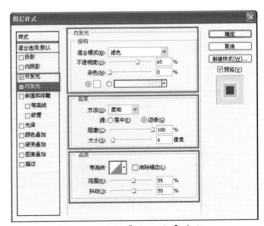

图2-69 编辑【内发光】参数

图2-70 最终夜景效果

8 雨天效果的制作

8.1 使用滤镜制作雨天效果

步骤 1：调整原图的亮度、对比度、饱和度，使之接近阴天效果，如图 2-71 所示。

图2-71 调整接近阴天效果

步骤2：新建图层并填充黑色，执行【滤镜】—【像素化】—【点状化】命令，在对话框中设置"单元格大小"参数为55，如图2-72所示。

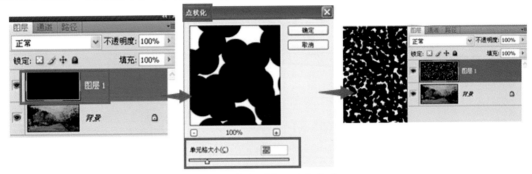

图2-72 执行"点状化"命令

步骤3：执行【滤镜】—【模糊】—【动感模糊】命令，更改"图层1"的混合模式为【滤色】，设置"不透明度"参数在50%~55%之间，如图2-73所示。

图2-73 执行【动感模糊】命令

步骤4：执行【编辑】—【自由变换】命令，对"图层1"的大小、角度进行变换调整，最终效果如图2-74所示。

图2-74 最终雨天效果

8.2　使用动作制作雨天效果

Photoshop 动作调板中提供的动作选项可快速制作天气效果。执行【窗口】—【动作】命令，调出动作调板，点击右上角的载入按钮 ▤ ，载入"图像效果"选项，在其中可找到如"暴风雪""细雨"等动作设定，如图 2-75 所示。

图2-75　动作调板

选择"暴风雪"或"细雨"动作选项后，点击动作调板下方"播放选定的动作" ▶ 按钮，图像自动生成该选项效果，如图 2-76、图 2-77 所示。

图2-76　"暴风雪"动作效果

图2-77　"细雨"动作效果

9 手绘效果的制作

步骤1:复制背景图层,在复制图层上执行【滤镜】—【风格化】—【查找边缘】命令,如图2-79所示。

图2-78 场景效果图(引自朴枫)

图2-79 【查找边缘】效果

步骤2:执行【滤镜】—【艺术效果】—【粗糙蜡笔】命令,设置"描边长度"参数为1,"描边细节"参数为2,"缩放"比例参数为57%,"凸现"参数为10,如图2-80所示。

图2-80 执行【粗糙蜡笔】命令

步骤3：将图层模式更改为【叠加】，完成最终手绘效果的制作，如图 2-81 所示。

图2-81 最终手绘效果

10 云线效果的制作

步骤1：新建图层，使用【铅笔工具】 并选择好需要的色彩后绘制云线轮廓，如图 2-82 所示。

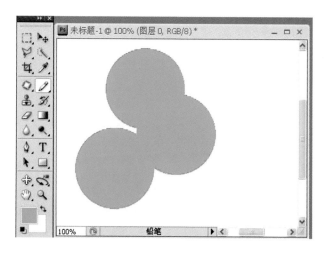

图2-82 铅笔绘制效果

步骤2：双击新图层，弹出图层样式面板，勾选【描边】选项，设置画笔描边的颜色、大小，如图 2-83 所示。

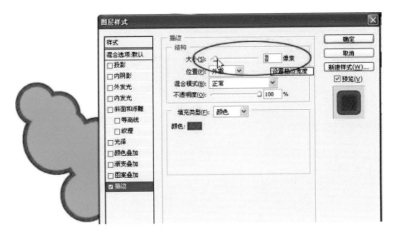

图2-83 设置描边颜色、大小

步骤3：绘制云线时配合键盘的"["、"]"键，可控制笔尖大小来组合云线效果，如图 2-73 所示。

图2-84 最终云线效果

11 分析图的制作

景观规划设计中常需要制作诸如交通分析图、视线分析图、功能分区图等分析图，可通过定义及设置画笔的方法，制作出分析图效果，如图 2-85 所示。

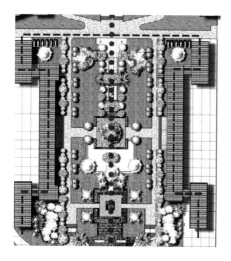

图2-85　分析图图例

步骤 1：新建文件，绘制一个长方形并填充，作为定义画笔的笔尖；也可切换到画笔工具，在编辑 / 预设管理器中追加"方头画笔"，再选择一个合适的方头画笔，如图 2-86 所示。

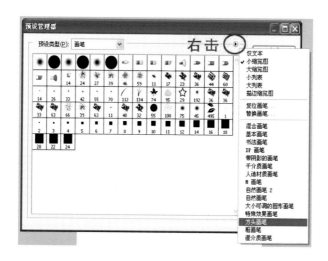

图2-86　制作画笔形状

步骤 2：执行【编辑】—【定义画笔预设】命令，在对话框内输入画笔名称后完成画笔定义，如图 2-87 所示。

图2-87　自定义画笔

步骤3：点击【画笔面板】图标 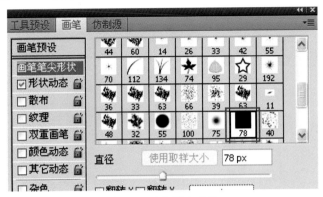，在"笔尖形状动态"栏内选择自定义好的画笔，确定笔尖形状，如图2-88所示。

图2-88 确定笔尖形状

步骤4：在"笔尖形状动态"栏的下方，调整"间距"数值比例，如图2-89所示。

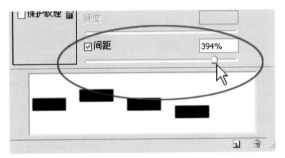

图2-89 调整笔尖间距

步骤5：点击"形状动态"栏，在"角度抖动"下拉菜单的"控制"栏内，选择"方向"选项，其余参数保持默认即可，如图2-90所示。

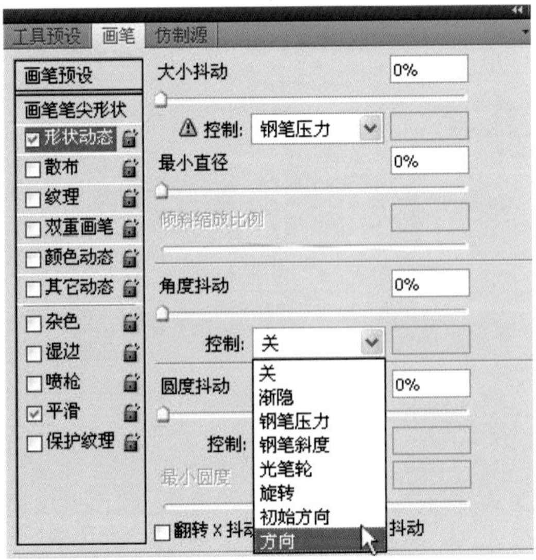

图2-90 选择【方向】选项

步骤 6:使用【钢笔工具】 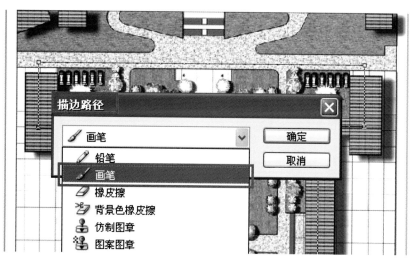 在画面中绘制分析图的路径,右键单击,选择"描边路径"选项，单击确定以后，笔刷的效果会自动添加到已绘制好的路径上，完成分析图的最终效果，如图 2-91、图 2-92 所示。

图2-91 使用"描边路径"命令

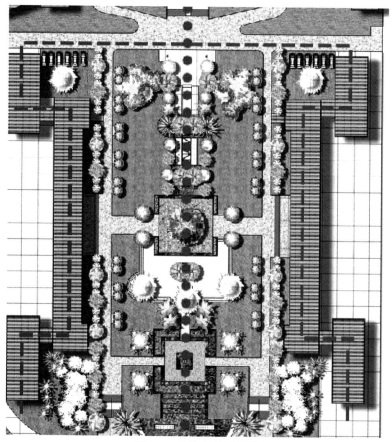

图2-92 最终分析图效果

第3部分

效果图后期处理案例详解

1 室内彩色平面图的后期处理

    在方案设计时，为更加真实地表现地面、草坪、水面、树木、家私等，常在 photoshop 中对色彩、材质、光影等进行后期修饰，制作彩色平面图，以更好地表达设计理念。

    彩色平面图必须根据项目的功能设计而制作，不能只注重图面效果而不重视设计。制作彩色平面图时，应注意各种色彩、各个元素之间的搭配，对整体效果的表现要有所取舍，以突出设计方案的重点。

图3-1 彩色平面图

120

步骤1：对 AutoCAD 中的户型平面图进行整理，删除多余的室内家具图块，保留户型框架信息，如图 3-2、图 3-3 所示。

要合理管理AutoCAD中的图层，不同性质的物体应归类为不同图层，同时尽可能整理好图面，线和线的交接要闭合，不出现空隙，以便在Photoshop中快速选择。

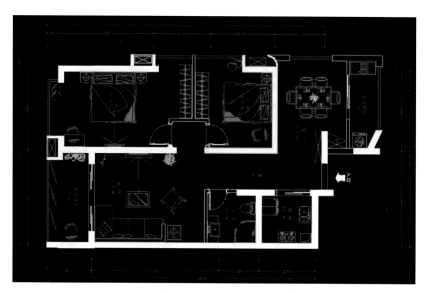

图3-2 AutoCAD平面图

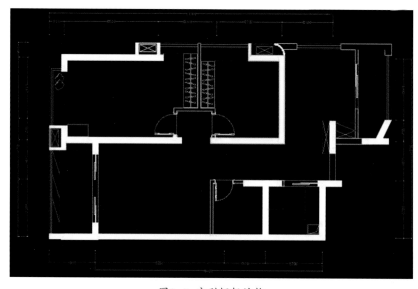

图3-3 户型框架结构

步骤 2：将处理好的户型框架文件通过虚拟打印的方式输出成 jpg 格式图片，在 Photoshop 中打开，如图 3-4 所示。

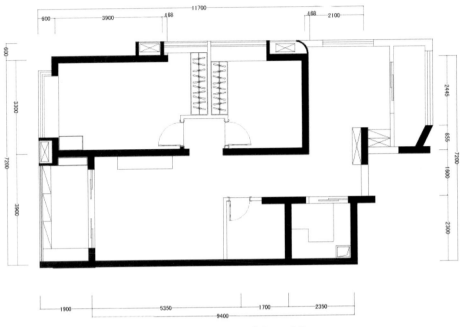

图3-4　在Photoshop中打开图像

步骤 3：执行【Ctrl+J】命令，复制背景层（图层 1），后续所有的操作都在新建图层上进行图层重叠，如图 3-5 所示。

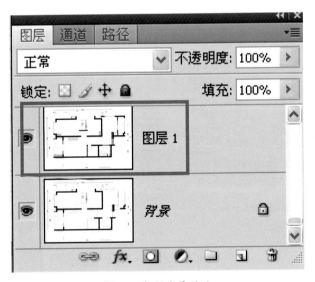

图3-5　复制背景图层

步骤 4：制作地砖贴图。打开一张地砖贴图，因尺度过大，不利于制作铺装效果，必须先对地砖贴图进行尺度缩小处理。

图3-6　地砖贴图

执行【图像】—【图像大小】命令，在弹出的对话框中修改贴图的"像素大小"数值，确定后完成修改，如图3-7所示。

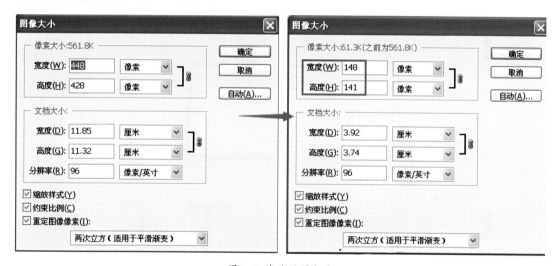

图3-7　修改贴图大小

步骤5：执行【编辑】—【定义图案】命令，弹出"图案名称"对话框，将修改完成的贴图定义为图案并命名，如图3-8所示。

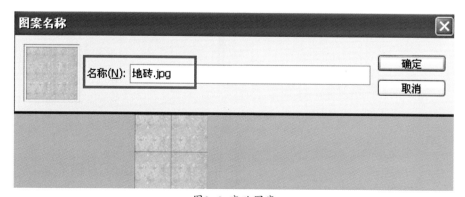

图3-8　定义图案

步骤6：新建一个图层，命名为"地砖"图层，如图3-9所示。

图3-9 新建"地砖"图层

选择"图层1"，用【魔棒工具】 ✎ 选出平面图中铺设地砖的部分，执行【Ctrl+J】命令对选区单独复制出新图层（图层2），如图3-10、图3-11所示。

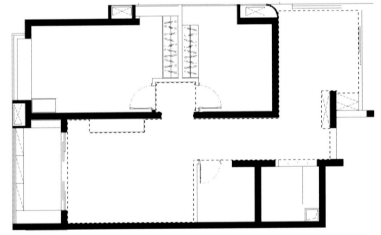

图3-10 选择铺设地砖的区域

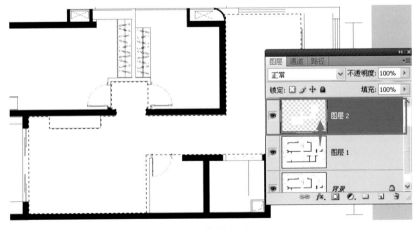

图3-11 复制新图层

步骤7：选择"地砖"图层，执行【编辑】—【填充】命令，在弹出的对话框中选择已制作好了的地砖图案，点击确定，如图 3–12 所示。

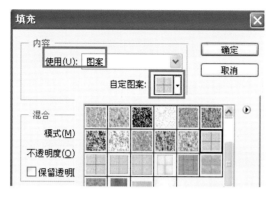

图3–12 选择自定义的图案

步骤8：将"地砖"图层移动至"图层 2"的上方，如图 3–13 所示。

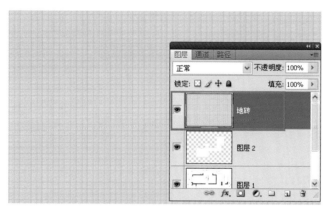

图3–13 移动"地砖"图层

步骤9：选择"地砖"图层，执行【图层】—【创建剪贴蒙版】命令，使"地砖"图层的图案根据下一层图层即"图层 2"的形状进行显示，完成地砖的铺设，如图 3–14 所示。

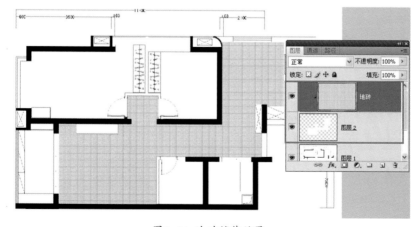

图3–14 地砖铺装效果

制作地面铺装效果时，使用剪贴蒙版命令，可以随时对铺装图案进行大小、角度、位置的更改。

步骤 10：在"图层 1"中制作出厨房和卫生间的地面选区后，执行【Ctrl+J】命令建立新图层（图层 3），如图 3-15 所示。

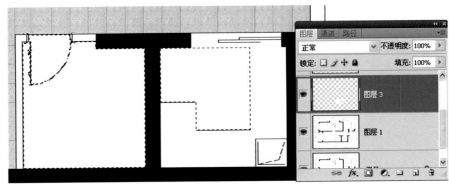

图3-15 制作厨卫选区

步骤 11：更改防滑砖贴图的大小，并定义为图案，如图 3-16、图 3-17 所示。

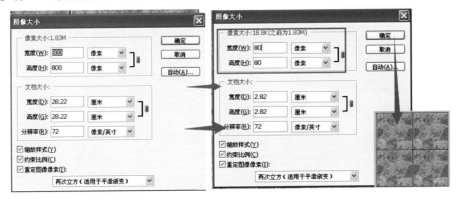

图3-16 更改图像大小

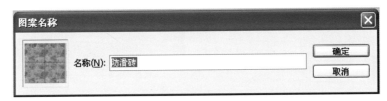

图3-17 定义图案

步骤 12：创建新图层并填充"防滑砖"图案后，执行【图层】—【创建剪贴蒙版】命令，完成厨卫地面铺装效果，如图 3-18 所示。

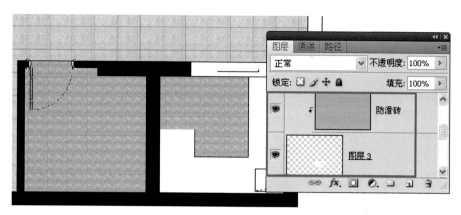

图3-18 厨卫地面铺装效果

步骤 13：根据剪贴蒙版的使用原理与方法，制作出阳台区域与铺地图案，完成阳台铺装效果，如图 3-19、图 3-20 所示。

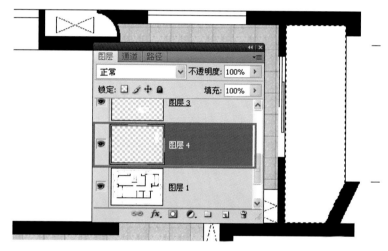

图3-19 制作阳台选区

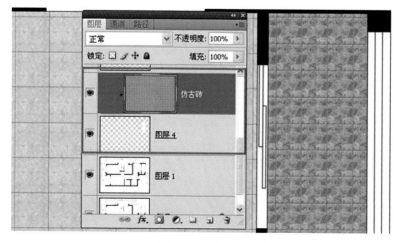

图3-20 阳台铺装效果

步骤 14：使用相同的方法完成木地板的铺装，如图 3-21 所示。

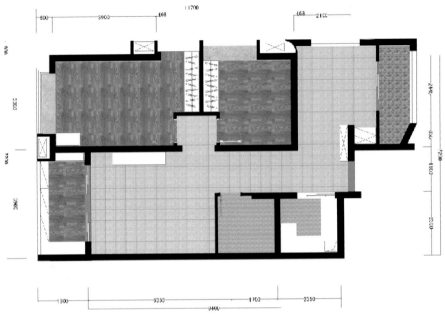

图3-21 木地板铺装效果

步骤 15：制作窗户。选择"图层 1"，制作窗户部分的选区，执行【Ctrl+J】命令为选区内的图像创建新图层，命名为"窗户"图层，如图 3-22 所示。

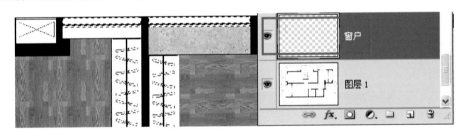

图3-22 制作"窗户"图层

为"窗户"图层填充蓝色，降低图层不透明度为 50%，如图 3-23 所示。

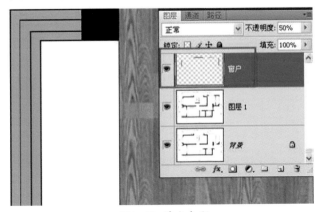

图3-23 填充色彩

步骤 16：制作矮柜。在"图层 1"中选择柜子部分，执行【Ctrl+J】命令，新建图层并命名为"矮柜"图层，填充淡黄色，如图 3-24 所示。

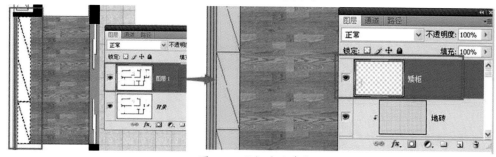

图3-24　矮柜选区填充

现实中的柜子是有高度的，在光照下会在地面产生阴影。双击"矮柜"图层调出图层样式面板，勾选"投影"选项，设置"混合模式"为【正片叠底】，"不透明度"参数为82%，"角度"参数为 –162°，"距离"参数为 5 像素，"大小"参数为 5 像素，完成矮柜效果，如图 3-25 所示。

图3-25　添加投影后的矮柜效果

步骤 17：同理制作平面图中飘窗、厨房台面等位置的投影效果，完成室内的整体铺装效果，如图 3-26 所示。

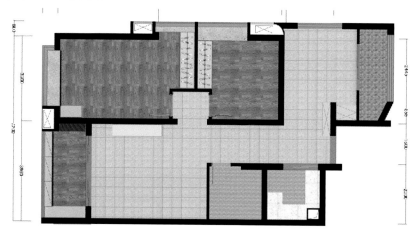

图3-26　完成整体铺装效果

步骤 18：根据设计方案的要求，依次添加合适的平面家具素材，如图 3-27、图 3-28
所示。

图3-27 室内平面设计图

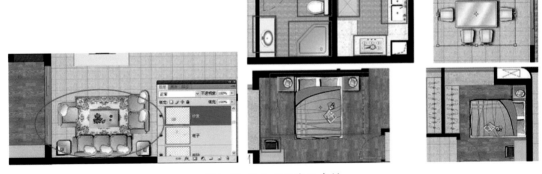

图3-28 添加平面家具素材

 小贴士

平面家具素材应根据实际图面效果的情况，调整素材的色彩、比例、对比度等
因素。

步骤 19：根据设计方案的需要，为彩色平面图添加必要的文字说明，完成室内彩色平面图的制作，如图 3-29 所示。

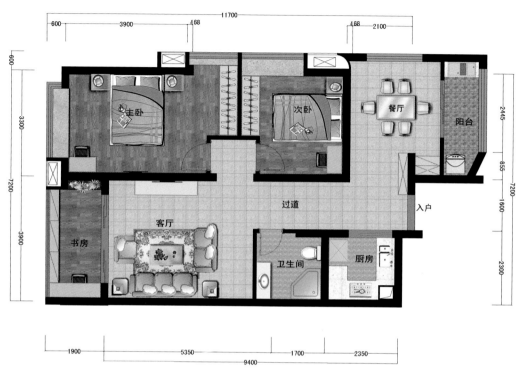

图3-29 最终效果

2 住宅小区彩色平面图的后期处理

彩色平面图是园林景观设计中不可或缺的效果图，是制作其他平面分析图的基础。彩色平面图制作必须根据项目需要而行，不能为了图面效果而忽视功能设计，在彩色平面图中，应注意色彩、元素之间的搭配，对整体效果的表现要有所取舍，以突出设计方案的重点。

步骤 1：打开整理好的平面图文件，如图 3-30 所示。

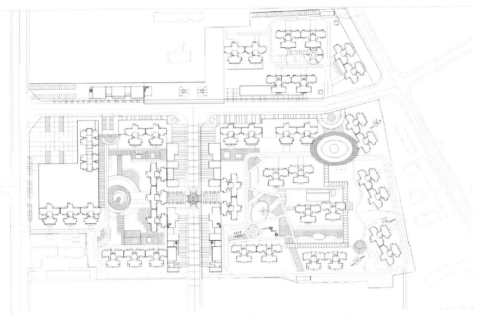

图3-30 设计平面图（文件素材引自设计e周网）

　　步骤2：分离图线。双击平面图图层，在【新建图层】对话框中点击确定按钮解锁背景图层 。使用【魔棒工具】选择图像中的白色背景部分，按【Delete】键删除，如图 3-31 所示。

图3-31 分离图线

步骤 3：在图线层上执行【图像】—【调整】—【亮度/对比度】命令，增加图线的对比度效果，如图 3–32 所示。

图3–32 加强图线对比度

步骤 4：填充底色。制作出填充区域的选区，设定好填充用的色彩 ▧，使用【油漆桶工具】▧ 点击选区进行色彩填充，如图 3–33 所示。

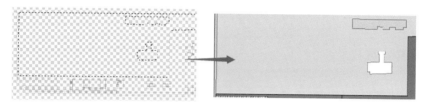

图3–33 填充色彩

填充色彩时应遵循从整体到局部的原则，先填充面积较大的色彩，再填充面积较小的色彩，填充时注意色彩搭配是否协调，如图 3–34 所示。

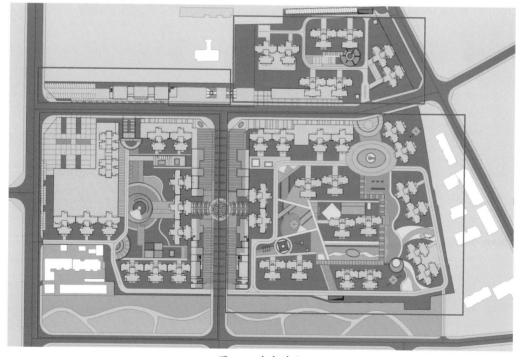

图3–34 底色填充

步骤 5:制作水景。使用【魔棒工具】 选择蓝色的水面,制作好选区后,执行【Ctrl+J】命令,将选区新建图层并命名为"水景"图层,如图 3-35 所示。

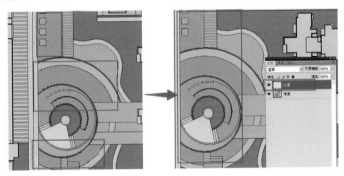

图3-35 创建拷贝图层

步骤 6:双击"水景"图层,在弹出的图层样式对话框中勾选"内阴影"选项,在其中设置"混合模式"为【正片叠底】,"不透明度"参数为 75%,"角度"参数为 -135°,并勾选"使用全局光"选项,"距离"参数为 5 像素,"大小"参数为 5 像素,得到水面阴影效果,如图 3-36 所示。

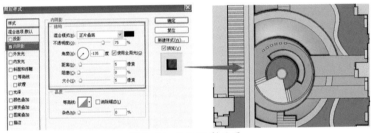

图3-36 水面阴影效果

步骤 7:使用相同方法完成其余水面的制作,完成小区所有的水面效果制作,如图 3-37 所示。

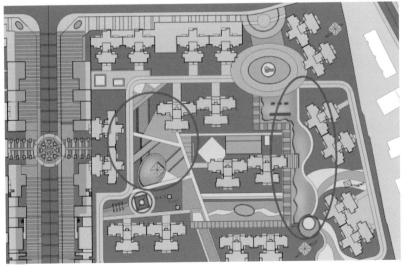

图3-37 水面总体效果

步骤8：处理地面拼花效果。选取小区的地面拼花范围，设置好填充的色彩，对地面拼花进行填充，填充时注意拼花色彩在节奏上的变化，保证拼花具有良好的视觉效果，如图3-38所示。

图3-38 地面拼花效果

步骤9：使用相同方法制作出其余景观小品元素的效果，如图3-39所示。

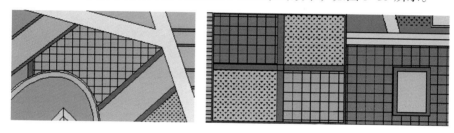

图3-39 景观小品效果

步骤10：制作平面植被素材。建立新图层，绘制平面植物的外轮廓线，选择合适的色彩填充，双击该图层，在图层样式对话框中勾选"投影"选项，其中"混合模式"选择【正片叠底】，"不透明度"参数为75%，"角度"参数为-135°，"距离"参数为5像素，"大小"参数为5像素，设置完成后得到一个带有投影的平面树素材，如图3-40所示。

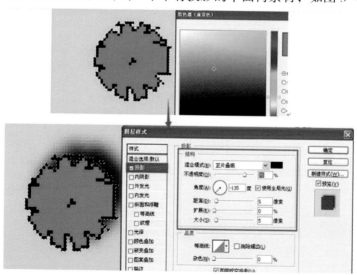

图3-40 平面植被素材

步骤 11：复制植被素材。选择【移动工具】，按住【Alt】键不放，拖动平面植被素材进行复制，如图 3-41 所示。

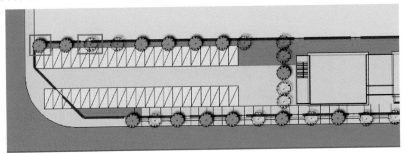

图3-41 复制平面植被素材

步骤 12：使用相同方法，按设计方案的要求制作不同种类的植物，如图 3-42 所示。

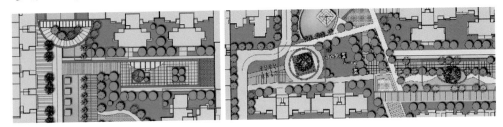

图3-42 配置多种植被

按照种植设计的原理，应用不同的植物造景类型，注意植物的行间距、大小和色彩的变化，完成小区的总体植物配置，如图 3-43 所示。

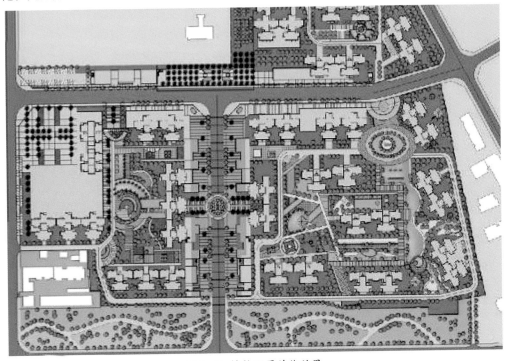

图3-43 植物配置总体效果

步骤 13：制作外围次要建筑效果。对图中红框内的次要建筑开始制作，如图 3-44 所示。

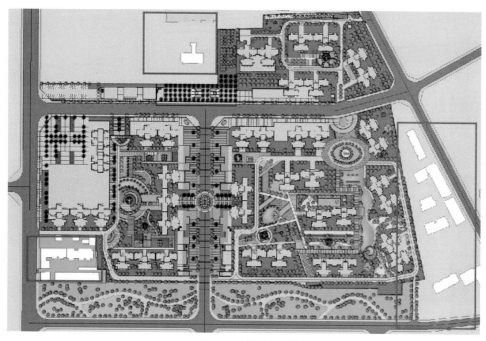

图3-44 外围次要建筑

选择次要建筑，执行【Ctrl+J】命令，将选区新建图层并命名为"原有建筑"图层，设置图层的"填充"数值为 63%，如图 3-45 所示。

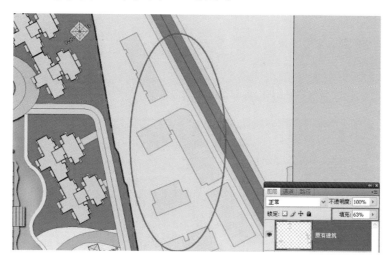

图3-45 调整图层填充程度

步骤 14：制作次要建筑的投影效果。双击"原有建筑"图层，在图层样式对话框中勾选"投影"选项，其中"混合模式"选择【正片叠底】，"不透明度"参数为 75%，"角度"参数为 -135°，"距离"参数为 5 像素，"大小"参数为 5 像素，完成投影效果，如图 3-46 所示。

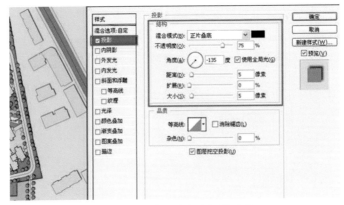

图3-46 制作次要建筑投影效果

步骤 15：制作主体建筑效果。如图 3-47 所示，对主建筑进行色彩填充。

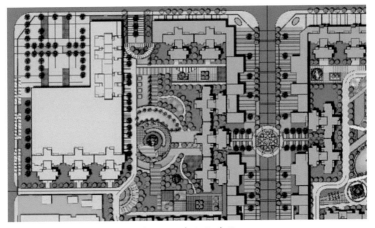

图3-47 填充主建筑

步骤 16：制作主体建筑的阴影效果。在制作阴影前，要先分析建筑结构的高矮，高度越高的部分，其投影的长度也越长，如图 3-48 所示。

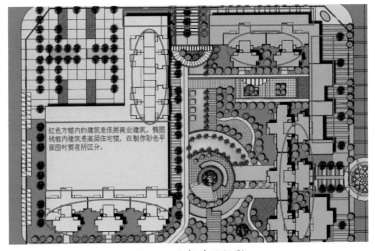

图3-48 分析建筑投影

步骤 17：制作高层建筑的顶面效果。将顶面区域制作成选区，执行【Ctrl+J】命令，将选区新建图层并填充黑色，并适当降低该图层不透明度，如图 3-49 所示。

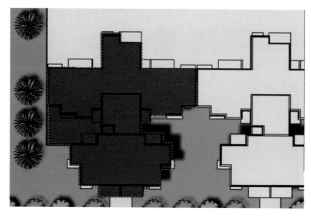

图3-49 制作建筑阴影

选择【移动工具】，按住【Alt】键不放，配合键盘方向键【↑】、【→】，沿投影的方向移动，制作阴影区域，如图 3-50 所示。

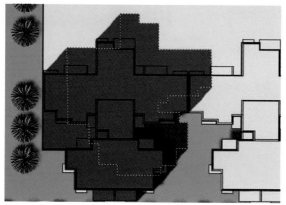

图3-50 制作阴影区域

步骤 18：使用相同的方法制作其他建筑的阴影，如图 3-51 所示。

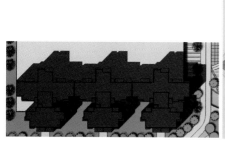

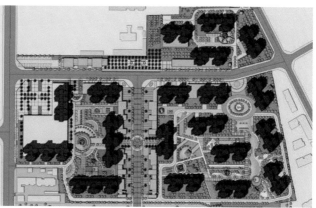

图3-51 建筑群阴影效果

步骤 19：制作建筑顶部效果。建筑顶部没有投影，在图中应该把建筑顶面效果与主体建筑的投影效果区分出来。选择建筑的顶面范围，填充白色，并以相同方法完成其他高层建筑的顶面效果，如图 3-52、图 3-53 所示。

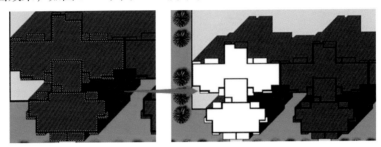

图3-52 制作建筑顶面

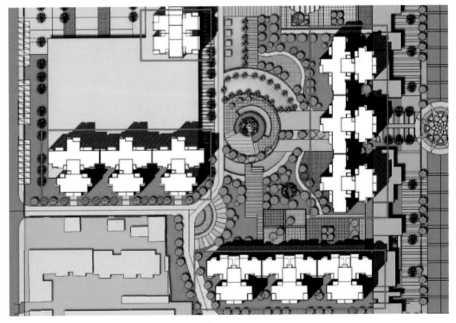

图3-53 建筑顶面整体效果

步骤 20：制作用地红线。根据设计要求，红线标识在彩色平面图中必须体现，创建新图层，命名为"用地红线"，如图 3-54 所示。

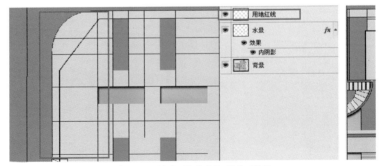

图3-54 创建"用地红线"图层

选择"用地红线"图层，根据项目方案中的红线位置，使用【钢笔工具】沿图中所示的范围绘制路径，绘制完成后在路径上单击右键，选择"描边路径"选项进行描边，完成红线范围的制作，如图 3-55 所示。

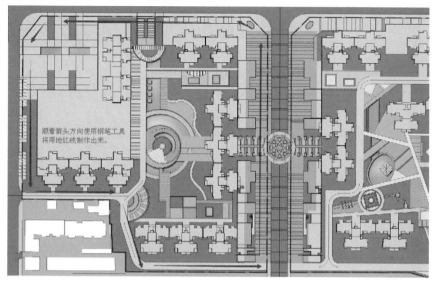

图3-55　制作红线效果

步骤 21：添加必要的文字说明，如图 3-56 所示。

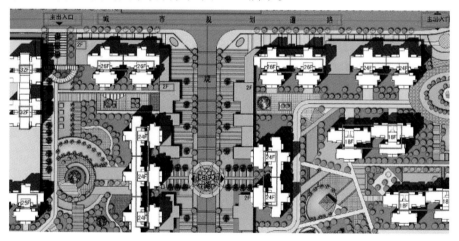

图3-56　添加文字说明

步骤22：制作雾气效果。新建图层并命名为"云雾"层，填充白色，执行【滤镜】—【渲染】—【分层云彩】命令，制作出云雾效果，更改图层模式为【滤色】，如图 3-57、图 3-58 所示。

图3-57　制作云雾效果

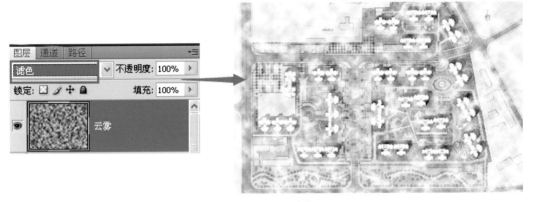

图3-58 更改图层模式

步骤 23：使用【橡皮擦工具】 ，调整笔尖为柔角模式 ，涂抹不需要云雾遮挡的位置，最终效果如图 3-59 所示。

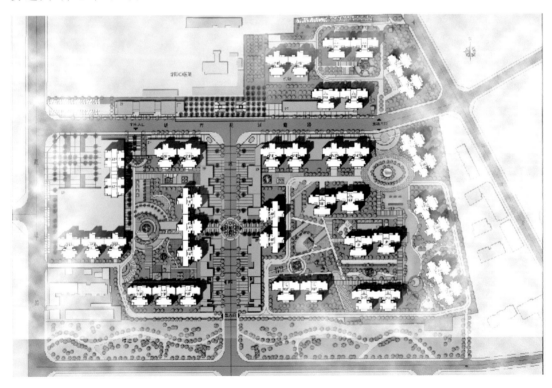

图3-59 最终效果

142

3 室内效果图的后期处理

室内场景渲染完成后，对其进行后期处理可以得到更为完美的视觉效果。在渲染软件中出图时，除了渲染效果图，还必须同时渲染一张通道图方便后期处理。使用通道图的作用在于：其尺寸与效果图一致，效果图中的各种材质在通道图中以一种色彩的形式出现，在后期处理时可轻松制作较为复杂的选区。

步骤 1：在 Photoshop 中打开渲染好的效果图与通道图，如图 3-60 所示。

图3-60 渲染图与通道图

分析效果图，明确后期处理重点：吊顶色调灰暗；窗外的外景清晰度过高，但亮度不足；电视墙和电视柜明度偏低；茶几台面效果曝光，缺少装饰物；沙发背景墙与边角空间明度偏低。

步骤 2：对渲染图进行整体柔焦处理。执行【图像】—【调整】—【色相/饱和度】命令，"饱和度"参数为 +15，"明度"参数为 8，执行【图像】—【调整】—【色阶】命令，"输入色阶"的参数为 0、1.00、210，如图 3-61 所示。

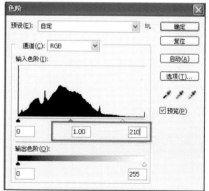

图3-61 柔焦处理

步骤 3:使用【移动工具】将通道图文件拖置图层调板的最下方,重新命名图层为"渲染原图""通道图"。复制"渲染原图"图层作为副本,如图 3-62、图 3-63 所示。

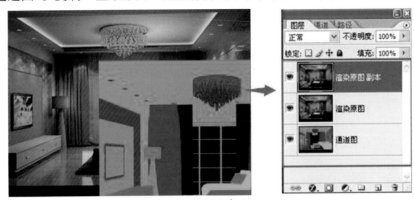

图3-62 图层重命名

图3-63 分析效果图

步骤 4:在"通道图"图层中用【魔棒工具】选择玻璃窗,回到"渲染原图副本"图层中执行【Ctrl+J】命令,复制选区为单独的图层,命名新图层为"窗户"图层,如图 3-64 所示。

图3-64 复制选区图层

步骤 5 : 将"窗户"图层的混合模式改为【滤色】，提高窗户的亮度，如图 3-65 所示。

图3-65　提高窗户亮度

　　复制"窗户"图层，更改前景色为蓝色系色彩后，按住【Ctrl】键不放，左键点击"窗户副本"图层全选图层中的像素，再执行【编辑】—【填充】命令，对"窗户副本"图层填充前景色，如图 3-66 所示。

图3-66　填充前景色

步骤6：执行【滤镜】—【模糊】—【高斯模糊】命令，"半径"值参数为8.2像素，确定后设置该图层"不透明度"为50%，如图3-67所示。

图3-67 制作环境光效果

步骤7：在"通道图"图层中选择吊顶部分，回到"渲染原图副本"图层，执行两次【Ctrl+J】命令，新建两个拷贝图层并命名，如图3-68所示。

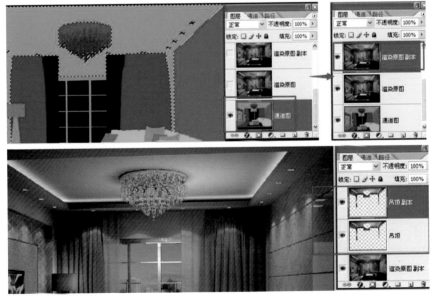

图3-68 新建"吊顶"图层

此步骤复制两个图层作用在于：一个图层用来调整吊顶色调的明度和纯度，另一个图层用来制作环境光效果。

步骤8:选择"吊顶"图层，执行【图像】—【调整】—【曲线】命令，调整【曲线】，如图 3-69 所示。

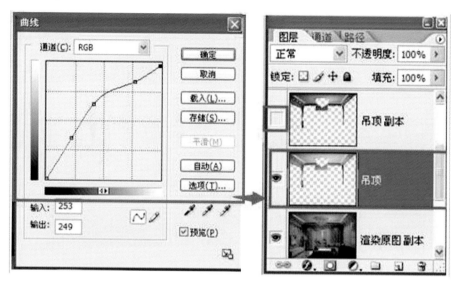

图3-69　调整【曲线】

选择"吊顶副本"图层，按住【Ctrl】键不放，左键点击该图层全选图层像素，确定前景色为蓝色系，执行【编辑】—【填充】命令，使用前景色填充图层像素后，将"吊顶副本"图层的混合模式改为【颜色】，效果如图 3-70 所示。

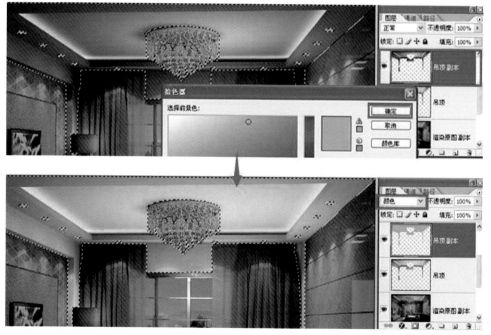

图3-70　更改图层混合模式

步骤 9：降低"吊顶副本"图层的不透明度为 12%，如图 3-71 所示。

图3-71 降低"不透明度"

步骤 10：使用【钢笔工具】 在效果图中灯带位置的黑色处绘制一条路径，确定好暖色系的前景色（使用周围暖色光的相似色），执行【编辑】—【描边】命令后，擦除多余的光色部分，如图 3-72 所示。

图3-72 处理灯带部分效果

步骤 11：在"通道图"图层中制作电视背景墙的选区，回到"渲染原图副本"图层中执行两次【Ctrl+J】命令，新建两个拷贝图层并命名为"电视背景墙""电视背景墙副本"，如图 3-73 所示。

图3-73 复制图层

选择"电视背景墙"图层，执行【图像】—【调整】—【曲线】命令，如图3-74所示。

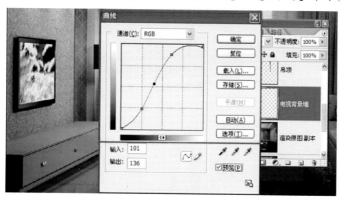

图3-74　调整曲线

步骤 12：选择"电视背景墙副本"图层，执行【滤镜】—【其他】—【高反差保留】命令，设置"半径"参数为1.0像素，确定后将"电视背景墙副本"图层混合模式调整为【柔光】，以提高图像锐化程度，如图 3-75 所示。

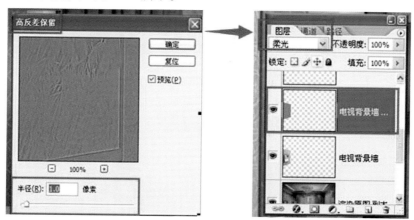

图3-75　提高清晰度

步骤 13：使用相同的方法处理电视柜部分。通过通道图制作电视柜范围的选区、新建拷贝图层，使用【曲线】命令提高亮度与对比度，如图 3-76 所示。

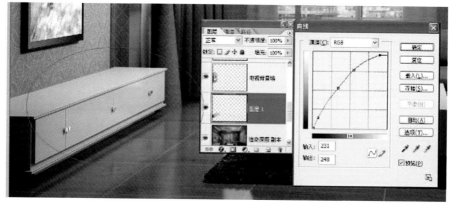

图3-76　制作电视柜效果

步骤 14：根据通道图新建"墙体"图层，在该图层上执行【图像】—【调整】—【曲线】命令，调整曲线增加对比度，如图 3-77 所示。

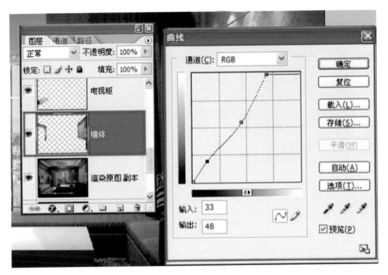

图3-77　制作墙面效果

更改"墙体"图层的混合模式为【滤色】，调整不透明度为 65%，如图 3-78 所示。

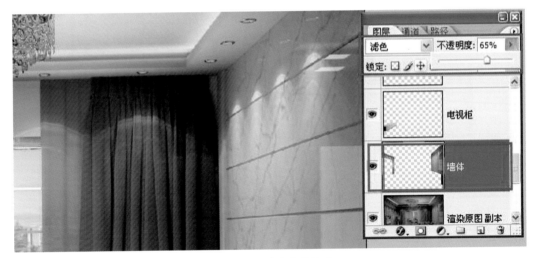

图3-78　处理沙发背景墙面

步骤 15：根据通道图新建"沙发"图层，在"沙发"图层上执行【图像】—【调整】—【色相/饱和度】命令，在对话框中选择"洋红"选项，提高饱和度与明度，如图 3-79 所示。

图3-79　制作沙发效果

小贴士

【色相/饱和度】有七个色彩编辑选项，编辑时可选择"全图"或者与待编辑图像色彩最为接近的一种颜色，本案选择"洋红"，因沙发色彩与之最为接近。

步骤 16：根据通道图新建"地面"图层，将"地面"图层的混合模式改为【叠加】，调整"不透明度"为70%，地面光泽效果得到了提高，如图 3-80 所示。

图3-80　编辑地面效果

步骤 17：使用选择工具，设置"羽化值"为 20px，选择茶几曝光部分，执行【Ctrl+J】命令，新建拷贝图层并命名为"曝光部分"，如图 3-81 所示。

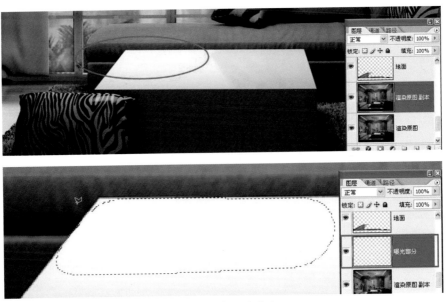

图3-81 选择曝光部分

步骤 18：执行【图像】—【调整】—【色相/饱和度】命令，设置"色相"参数为 -7，"饱和度"参数为 +4，"明度"参数为 -7，确定调整后降低该图层的"不透明度"为 50%，完成曝光部分的修复，如图 3-82 所示。

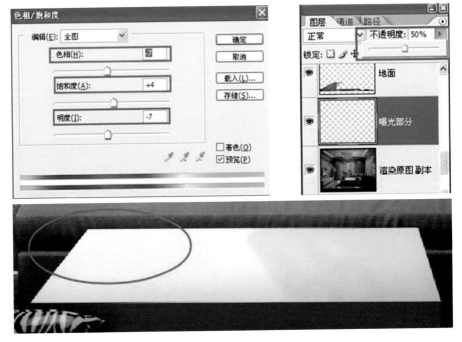

图3-82 修复曝光

步骤 19：在场景中添加摆设品和相框，调整大小比例后将其放置在电视柜上，如图 3-83 所示。

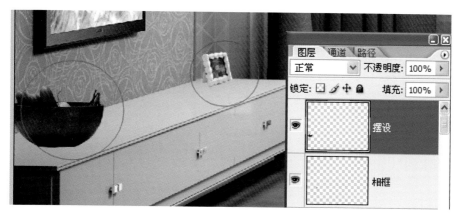

图3-83 添加装饰物

复制"摆设"图层作为副本图层，填充黑色后，执行【Ctrl+T】命令，将"摆设副本"图层变换为投影的形状，并调整图层不透明度值为 28%，如图 3-84 所示。

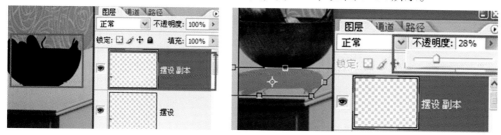

图3-84 变换投影形状

用【渐变工具】 对"摆设副本"制作投影渐变效果，如图 3-85 所示。

图3-85 制作摆设品投影

步骤 20：使用相同的方法制作相框投影，调整该图层不透明度为 10%，如图 3-86 所示。

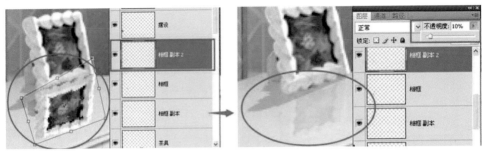

图3-86 制作倒影效果

步骤 21：使用相同方法制作电视机在电视柜台面上的倒影效果，如图 3-87 所示。

图3-87 电视机倒影效果

步骤 22：依次添加后期装饰素材丰富画面环境，如图 3-88 所示。

图3-88 丰富后期素材

步骤 23：制作灯罩发光效果。制作落地灯灯罩选区，执行【Ctrl+J】命令新建图层，命名为"灯罩"图层，如图 3-89 所示。

图3-89 制作"灯罩"图层

　　双击"灯罩"图层，在图层样式对话框中勾选"外发光"选项，在"结构"选项框中设置"混合模式"为【滤色】，"不透明度"参数为60%；在"图案"选项框中设置"方法"为"柔和"，"扩展"参数为45%，"大小"参数为250像素；在"品质"选项框中设置"范围"参数为72%，得到柔和的光效，如图3-90所示。

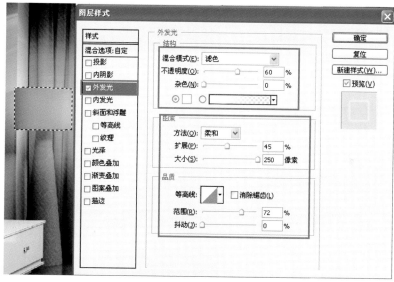

图3-90 灯罩效果

小贴士

　　图层样式对话框中的各项参数不是固定的，作图时应根据实际图面效果调整，不可死背参数，多尝试才能得到最佳效果。

　　步骤 24：调整画面整体的亮度对比度。点击【创建新的填充或调整图层】按钮，选择【亮度 / 对比度】选项，设置"亮度"参数为 +4,"对比度"参数为 +8，如图 3-91 所示。

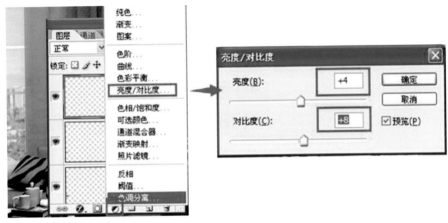

图 3-91　增加亮度/对比度

　　步骤 25：调整画面整体饱和度。点击【创建新的填充或调整图层】按钮，选择【色相 / 饱和度】选项，设置"饱和度"参数为 +14，如图 3-92 所示。

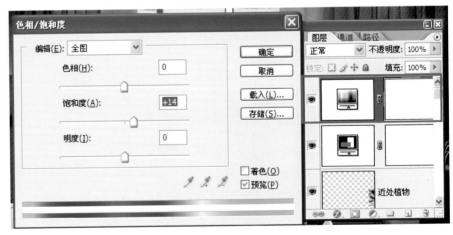

图 3-92　增加饱和度

　　步骤 26：将场景文件储存为 JPG 格式，在 Photoshop 中打开，执行【Ctrl+J】命令新建图层，在新建的"图层 1"上执行【滤镜】—【其他】—【高反差保留】命令，设置"半径"参数为 1 像素，更改图层模式为【柔光】，提高图像的整体锐化程度，完成室内效果图的最终处理，如图 3-93、图 3-94 所示。

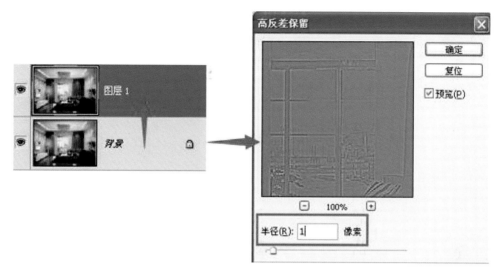

图3-93

图3-94　最终效果

4　景观效果图的后期处理

　　景观效果图的后期处理主要在于把握好近中远的空间关系，场景中主体景观的表现，制作过程如同完成一张绘画作品，在构图、透视、主次、色彩、光影等因素均要进行深入的细节处理。

　　步骤 1：在 Photoshop 中打开渲染好的图片，对渲染图进行整体的层次分析，明确主次关系。水榭和水面景观为本案的主景，必须重点表现，近景、背景及远景部分只起烘托主景的作用，如图 3-95、图 3-96 所示。

图3-95　渲染效果图（素材引自秋凌景观网）

图3-96　对渲染效果进行分析

步骤 2 : 删除渲染图的原有背景, 方便制作远景效果, 如图 3-97 所示。

图3-97 删除背景

步骤 3 : 首先对图像进行柔焦处理。执行【图像】—【调整】—【色相 / 饱和度】命令, 调整图像 "饱和度" 参数为 +15, "明度" 参数为 +5。如图 3-98 所示。

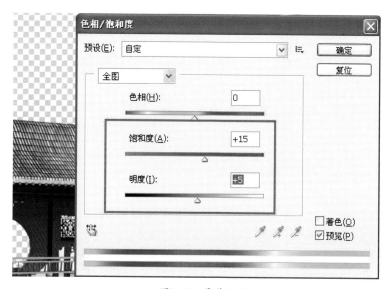

图3-98 柔焦处理

步骤 **4**：添加远景。选择合适的天空、远山素材添加入场景，并适当调整其图层不透明度，以制作近实远虚的透视效果，如图 3-99、图 3-100 所示。

图3-99 添加背景素材

图3-100 "近实远虚"的透视原则

步骤 **5**：加入亭子素材，降低其不透明度，放置于远景的山上。因视线关系，植物会遮挡山顶亭子的下半部分，如图 3-101 所示。

图3-101 虚化远山亭子

继续添加植物素材丰富远景。从空间的远近关系分析，它更靠近中景部分，因此该处素材的清晰度可高一些，如图 3-102 所示。

图3-102 完善远景素材

步骤6：制作中景效果。添加合适的乔木素材，调整好比例与色调，置于水榭之后，如图 3-103 所示。

图3-103 添加乔木

步骤7：添加竹子素材，并注意左右两侧竹子之间的大小、明度和纯度的对比，如图 3-104 所示。

图3-104 添加竹子

步骤 8：继续完善中景部分。添加草地和色叶植物，调整好比例安置于合适位置，如图 3-105、图 3-106 所示。

图3-105 添加草地

图3-106 添加色叶植物

步骤 9：制作水景。选择合适的水面素材添加入场景文件，执行【色相／饱和度】命令，进行适当的调色处理，如图 3-107 所示。

图3-107 添加水面素材

步骤 **10**：制作水榭倒影。复制水榭图层，执行【Ctrl+T】命令，将图层垂直翻转，执行【滤镜】—【扭曲】—【海洋波纹】命令，如图 3-108 所示。

图3-108 执行"海洋波纹"命令

步骤 **11**：调整倒影图层的不透明度，使之能够符合图面的视觉效果，如图 3-109 所示。

图3-109 调整倒影图层的不透明度

步骤 **12**：在水面上添加水生植物，丰富水面景观。处于水榭投影下的水生植物，要与正常光照下的素材有所区别，应适当降低其明度与饱和度，并符合近大远小、近实远虚的透视关系，如图 3-110 所示。

图3-110 添加水生植物

步骤 13：继续完善中景部分。添加地被植物、人物等，如图 3-111、图 3-112 所示。

图3-111 添加地被植物

图3-112 添加人物

　　添加人物时，除了要注意人物素材的大小透视外，还要注意人物与视平线的关系。一般来说，人物眼睛的高度基本上在同一视平线上。

　　步骤 14：添加近景效果。根据近实远虚的透视原理，近景素材的处理要注意其清晰度，如图 3-113 所示。

图3-113 制作近景效果

步骤 15：检查效果图的整体效果，修整局部瑕疵，在画面上下方制作黑色边框效果增加画面对比，最终效果如图 3-114 所示。

图3-114　最终效果

5　实景照片效果图的后期处理

实景照片效果图的制作就是将一张有缺陷的现场照片，结合设计方案的要求，在 Photoshop 中通过合理添加景观素材，运用透视、色彩、明暗等关系不断完善画面，做到透视准确、色彩协调、虚实分明。

步骤 1：在 Photoshop 中打开实景照片，如图 3-115 所示。

结合设计要求对实景照片进行分析，发现存在几个方面的问题，需要在后期处理时加以补充完善：画面缺乏主次关系，主景位置不明确；按照设计要求，道路两侧缺乏必要的乔木、灌木；地面标识线模糊不清，如图 3-116 所示。

图3-115 现场照片

图3-116 现场照片分析

步骤 2：制作道路。使用选择工具选出道路的范围，执行【Ctrl+J】将选区新建图层并命名为"道路"图层，如图 3-117 所示。

图3-117 制作道路图层

步骤 3:按住【Ctrl】键不放,左键点击"道路"图层,全选该图层,打开拾色器面板,选择灰色作为路面色彩,执行【编辑】—【填充】命令,对"道路"图层填充,调整"道路"图层的不透明度为 60%,如图 3-118、图 3-119 所示。

图3-118 填充"道路"图层

图3-119 降低不透明度

步骤 4:制作地面标识。新建图层,命名为"地面标识"。在"地面标识"图层中使用选择工具,选择出地面标识范围,并填充黄色,如图 3-120 所示。

图3-120 制作地面标识

步骤 5：修饰山体植被。因实景照片的左侧山体裸露，有必要添加植被美化修饰。选择合适的植被素材并放置于坡地处，调整好素材的色彩、大小、位置，并根据设计要求，适当点缀乔木、花灌木，如图 3-121、图 3-122、图 3-123 所示。

图3-121 山体修改范围

图3-122 加入植被

图3-123 点缀乔木、花灌木

步骤6：完善道路绿化，添加草地。选择合适的草地素材添加入场景文件，调整其位置与大小后，放置于道路右侧，如图3-124所示。

图3-124 添加草地素材

步骤7：添加乔木、灌木素材，如图3-125、图3-126所示。

图3-125 添加乔木素材

图3-126 添加灌木素材

步骤 10：按前述方法，处理图像左侧的效果。由远及近加入乔木、灌木等素材，并注意素材的透视效果，如图 3–130 所示。

图3–130　添加乔木

图3–131　添加灌木

步骤 11：营建主景。根据设计方案的要求，主景位于画面左侧靠前。将景石素材加入图像文件中，执行【图像】—【调整】—【色相/饱和度】命令，根据图面需要设置景石素材的"色相"参数为 –4，"饱和度"参数为 +24，"明度"参数为 –13，设置完成后将景石素材放置于合适的位置，如图 3–132、图 3–133 所示。

图3–132　添加景石

图3-133 景石调色

　　主景属于方案中重点表现的部分，在此处添加的配景素材应结合图面效果的需要，在色相、饱和度、明度、比例、透视等视觉因素上进行调整。

　　步骤12：加入卵石地面素材，调整后置于景石下方，如图3-134所示。

图3-134 制作卵石路面

　　步骤13：加入花草地被素材放置于合适的位置，如图3-135所示。

图3-135 加入花草地被

步骤 14：制作浮雕文字。使用文字工具，在景石上输入文字后，双击文字图层调出图层样式面板，勾选"斜面和浮雕"选项，制作出文字浮雕效果，如图 3-136、图 3-137所示。

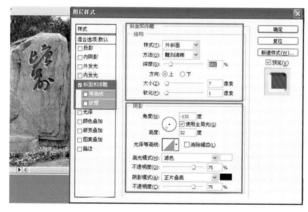

图3-136 添加文字图层样式

图3-137 文字浮雕效果

步骤 15：根据设计方案的要求，在景石上添加荷花标识。使用选择工具抠选出荷花标识素材并加入文件中，调出该图层的图层样式，勾选"斜面和浮雕"选项，将荷花标识素材移动至景石上合适的位置，制作荷花浮雕效果，如图 3-138、图 3-139 所示。

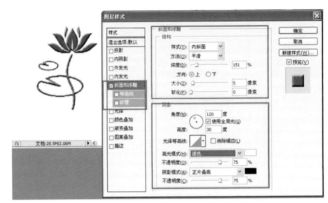

图3-138 添加荷花图层样式

图3-139 荷花浮雕效果

步骤 16：制作左侧道路近景。选择球形灌木素材放置在道路的边缘，如图 3-140 所示。

图3-140 添加球形灌木

步骤 17：在道路的中央添加汽车，活跃整个场景的氛围。在画面的左上角处加入近景树，完成所有后期素材的处理，如图 3-141 所示。

图3-141　添加汽车配景

图3-142　添加近景树

步骤 18：调整画面整体对比度和明暗程度。点击图层面板的【创建新的填充或调整图层】 按钮，选择"色相 / 饱和度"命令，对图像进行整体微调，"饱和度"参数为 +4，"明度"参数为 +2，完成最终效果，如图 3-143、图 3-144 所示。

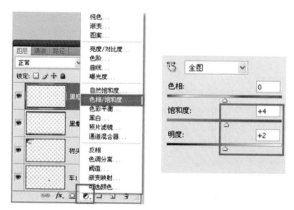

图3-143　调整【色相/饱和度】命令

图3-144 最终效果

6 住宅小区鸟瞰图的后期处理

鸟瞰图是根据透视原理，用高视点透视法从高处某一点俯视地面起伏绘制成的立体图，其特点为近大远小，近明远暗，相比较平面图而言它更有真实感。

步骤 1：在 Photoshop 中打开渲染图，删除渲染图中多余的背景，如图 3-145 所示。

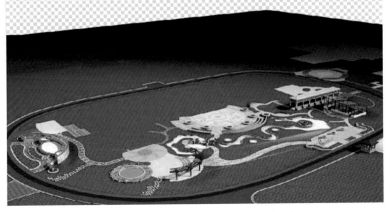

图3-145 渲染图（源文件引自朴枫作品）

步骤 2：结合设计要求对渲染图进行分析，保证后期处理思路的正确性，如图 3-146 所示。

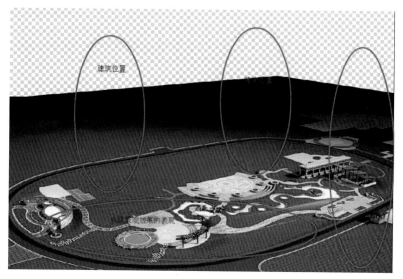

图3-146　分析渲染图

步骤 3：添加建筑。将渲染好的小区建筑素材加入文件，放置在正确的位置，执行【Ctrl+T】命令，对建筑的大小进行适当的调整，如图 3-147 所示。

图3-147　添加建筑素材

 小贴士

　　在鸟瞰图添加素材，为保证大小、透视的准确，可在画面中寻找一个较为清晰的"参照物"，所有后期素材比例按照该参照物的比例进行调整。

步骤 4：制作中心广场景观。方案中景观的重点表现部分是中心广场和景观廊架，选择中心广场所在的图层，执行【Ctrl+J】命令复制该图层,再执行【图像】—【调整】—【色相/饱和度】命令，调整对话框中"色相"参数为 –1，"饱和度"参数为 +11，"明度"参数为 +5，如图 3-148 所示。

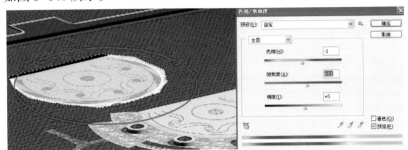

图3-148 中心广场铺装

步骤 5：处理廊架边上的小型活动广场。选择合适地面铺装素材，添加至场景文件中，调整好大小与形状，如图 3-149 所示。

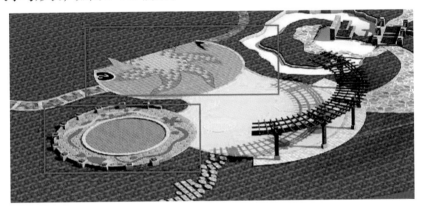

图3-149 制作小型活动广场

继续使用添加素材的方法，调整好素材大小、位置以后进行裁剪，完成广场铺装，如图 3-150 所示。

图3-150 广场铺装效果

步骤6：调整玻璃材质。景观构筑物上的玻璃材质不够明亮，使用【魔棒工具】 选择玻璃材质，执行【Ctrl+J】命令将选区新建图层，执行【图像】—【调整】—【色相/饱和度】命令，适当提高饱和度与明度数值，提亮玻璃材质，如图3-151所示。

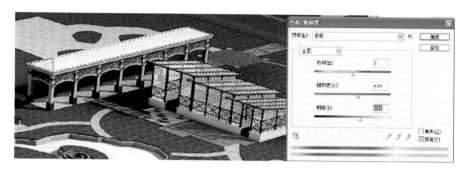

图3-151 调整玻璃材质

步骤7：制作小区道路。使用【魔棒工具】 选择道路范围制作成选区，选择合适的道路素材，将道路素材贴入选区，如图3-152、图3-153所示。

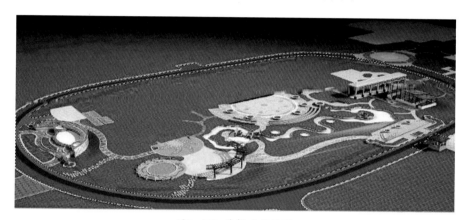

图3-152 选择道路范围

图3-153 贴入道路素材

步骤8：完善小区的各种硬景设施。与制作道路的方法相同，进一步完善小区硬景、水景的效果，如图3-154、图3-155所示。

图3-154 添加硬景

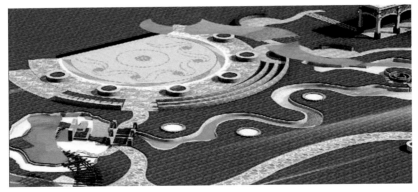

图3-155 贴入水景素材

步骤 9：添加背景。选择合适的背景图片添加至文件中，置于合适的位置，为烘托主景的视觉效果，可降低背景图片的图层不透明度，如图 3-156、图 3-157 所示。

图3-156 加入背景素材

图3-157 降低背景不透明度

步骤 10：制作建筑阴影。显示建筑图层，制作好建筑的选区，执行【Ctrl+J】命令复制建筑所在的图层。

执行【图像】—【调整】—【色阶】命令，把建筑调整为黑色。执行【Ctrl+T】命令，将投影形状变换为合适的形状，如图 3-158 所示。

图3-158 制作建筑阴影

降低投影图层的不透明度，删除多余的遮挡部分，如图 3-159 所示。

图3-159 建筑阴影效果

步骤 11：添加植物。硬景效果完成后，即可对场景添加植物和人物等配景素材，除注意投影方向的统一外，对近景、主景、背景植物的大小、清晰度、色彩等方面应有所区分，如图 3-160、图 3-161、图 3-162 所示。

进行植物配置时除按种植设计图的要求选择植物外，可应用多样的植物造景类型，乔、灌、花结合，高、中、低搭配来美化场景。

图3-160 添加植物素材

图3-161 处理视觉重心

图3-162　细节处理效果

步骤12：继续添加植物素材，调整好放置在合适的位置，完善植物造景，如图3-163所示。

图3-163 完善植物造景效果

步骤13：制作雾气效果。新建一个图层并填充白色，选择【橡皮擦工具】 ，在工具选项条中 选择边缘柔滑的笔尖效果，降低"不透明度"数值，在图层上进行擦除后效果如图3-164所示。

图3-164　制作雾气

Photoshop 效果图后期处理制作

步骤 14:将制作好的"雾气"图层添加至场景文件,更改图层混合模式为"正片叠底",并降低图层不透明度,如图 3-165 所示。

图3-165 雾气效果

步骤 15:调整图像的整体对比度。点击图层面板的【创建新的填充或调整图层】按钮 的"亮度/对比度"选项,调整"对比度"参数为 6,如图 3-166 所示。

图3-166 调整图像亮度与对比度

步骤 16:调整图像的整体色彩。点击【创建新的填充或调整图层】 按钮,选择"色彩平衡"选项进行调整,对图像整体调色至满意的效果,完成最终效果,如图 3-167、图 3-168 所示。

图3-167　调整图像色彩

图3-168　最终鸟瞰效果

Photoshop CS4 常用快捷键

一、工具栏操作	
矩形、椭圆选框、单行选框、单列选框工具	【M】
裁剪、切片、切片选择工具	【C】
移动工具	【V】
套索、多边形套索、磁性套索工具	【L】
魔棒、快速选择工具	【W】
污点修复画笔、修复、修补、红眼工具	【J】
画笔、铅笔、颜色替换工具	【B】
仿制图章、图案图章工具	【S】
历史记录画笔、历史记录艺术画笔工具	【Y】
橡皮擦、背景橡皮擦、魔术橡皮擦工具	【E】
减淡、加深、海绵工具	【O】
钢笔、自由钢笔工具	【P】
路径选择、直接选择工具	【A】
横排文字、直排文字、横排文字蒙版、直排文字蒙版工具	【T】
渐变、油漆桶工具	【G】
吸管、颜色取样器、标尺、注释、计数工具	【I】
抓手工具	【H】
缩放工具	【Z】
默认前景色和背景色	【D】
切换前景色和背景色	【X】
切换标准模式和快速蒙版模式	【Q】
标准屏幕模式、带有菜单栏的全屏模式、全屏模式	【F】

临时使用移动工具	【Ctrl】
临时使用吸色工具	【Alt】
临时使用抓手工具	【空格】

二、文件操作

新建图形文件	【Ctrl】+【N】
打开已有的图像	【Ctrl】+【O】
关闭当前图像	【Ctrl】+【W】
保存当前图像	【Ctrl】+【S】
另存为	【Ctrl】+【Shift】+【S】
打印	【Ctrl】+【P】
"首选项"设置对话框	【Ctrl】+【K】

三、编辑操作

还原/重做前一步操作	【Ctrl】+【Z】
还原两步以上操作	【Ctrl】+【Alt】+【Z】
重做两步以上操作	【Ctrl】+【Shift】+【Z】
剪切选取的图像或路径	【Ctrl】+【X】
拷贝选取的图像或路径	【Ctrl】+【C】
合并拷贝	【Ctrl】+【Shift】+【C】
将剪贴板的内容粘到当前图形中	【Ctrl】+【V】
将剪贴板的内容粘到选框中	【Ctrl】+【Shift】+【V】
自由变换	【Ctrl】+【T】
再次变换复制	【Ctrl】+【Shift】+【T】
再次变换复制并建立副本	【Ctrl】+【Shift】+【Alt】+【T】
删除选框中的图案或选取的路径	【DEL】
用背景色填充所选区域或整个图层	【Ctrl】+【BackSpace】
用前景色填充所选区域或整个图层	【Alt】+【BackSpace】
弹出"填充"对话框	【Shift】+【BackSpace】

四、图像调整

调整色阶	【Ctrl】+【L】
打开曲线调整对话框	【Ctrl】+【M】
打开"色彩平衡"对话框	【Ctrl】+【B】
打开"色相/饱和度"对话框	【Ctrl】+【U】
去色	【Ctrl】+【Shift】+【U】
反相	【Ctrl】+【I】

五、图层操作

从对话框新建一个图层	【Ctrl】+【Shift】+【N】
通过复制建立一个图层	【Ctrl】+【J】
通过剪切建立一个图层	【Ctrl】+【Shift】+【J】
与前一图层编组	【Ctrl】+【G】
取消编组	【Ctrl】+【Shift】+【G】
向下合并或合并联接图层	【Ctrl】+【E】
合并可见图层	【Ctrl】+【Shift】+【E】
将当前层下移一层	【Ctrl】+【[】
将当前层上移一层	【Ctrl】+【]】
将当前层移到最下面	【Ctrl】+【Shift】+【[】
将当前层移到最上面	【Ctrl】+【Shift】+【]】
激活下一个图层	【Alt】+【[】
激活上一个图层	【Alt】+【]】

六、选择功能

全部选取	【Ctrl】+【A】
取消选择	【Ctrl】+【D】
重新选择	【Ctrl】+【Shift】+【D】
反向选择	【Ctrl】+【Shift】+【I】
全选图层	【Ctrl】+【Shift】+【A】

七、视图操作

放大视图	【Ctrl】+【+】
缩小视图	【Ctrl】+【-】
满画布显示	【Ctrl】+【0】
显示/隐藏"颜色"面板	【F6】
显示/隐藏"图层"面板	【F7】
显示/隐藏"信息"面板	【F8】
显示/隐藏"动作"面板	【F9】
显示/隐藏所有命令面板	【TAB】
显示或隐藏工具箱以外的所有调板	【Shift】+【TAB】

参考文献

[1] 赵博，艾萍，王春鹏．从零开始—Photoshop CS4 中文版基础培训教程 [M]．北京：人民邮电出版社，2010

[2] 崔洪斌．中文版 Photoshop CS4 入门与进阶 [M]．北京：清华大学出版社，2010

[3] 欧星文化．中文版 Photoshop CS4 经典教程 [M]．北京：海洋出版社，2010

[4] 王鹏．Photoshop CS4 图像处理经典 200 例 [M]．北京：科学出版社，2010

[5] 杰创文化．一看即会—Photoshop CS4 软件速成与图像处理 [M]．北京：科学出版社，2010

[6] 李显进，赵云．中文版 Photoshop CS4 从入门到精通 [M]．北京：清华大学出版社，2010

[7] 美国 Adobe 公司．张海燕 译，Adobe Photoshop CS4 中文版经典教程 [M]．北京：人民邮电出版社，2009

[8] 导向工作室．中文版 Photoshop CS4 图像处理培训教程 [M]．北京：人民邮电出版社，2010

[9] 蔡晓霞，李小亚．Photoshop CS4 图像处理教程 [M]．北京：人民邮电出版社，2013

[10] 王梅君．Photoshop 建筑效果图后期处理技法精讲 [M]．北京：中国铁道出版社，2014

[11] 陈柄汗．中文版 PHOTOSHOP 室内外效果图制作应用与技巧（第 2 版）[M]．北京：机械工业出版社，2010

[12] 孙启善，胡爱玉．深度—Photoshop CS5 效果图后期处理完全剖析 [M]．北京：北京希望电子出版社，2012

[13] 李彪，唐荣．边用边学 Photoshop 效果图表现方法与技巧 [M]．北京：人民邮电出版社，2009

[14] 脱忠伟，姚炜．Photoshop 效果图后期制作 [M]．北京：北京大学出版社，2011

[15] 李淑玲．Photoshop CS2 景观效果图后期表现教程 [M]．北京：化学工业出版社，2008

[16] 王西亮，贾飞．中文版 Photoshop CS6 建筑效果图后期处理技法 [M]．北京：人民邮电出版社，2015

[17] 王梅君 .Photoshop 建筑效果图后期处理技法精讲 [M]. 北京：中国铁道出版社，2013

[18] 云海科技 . 深入细节—Photoshop 建筑后期表现专业技法剖析 [M]. 北京：清华大学出版社，2014

[19] 麓山 .Photoshop 建筑效果图制作从入门到精通 [M]. 北京：人民邮电出版社，2015

[20] 夏建红，郭舜，张超 . 计算机室内效果图制作教程 [M]. 厦门：厦门大学出版社，2015

[21] 百度图片：http://image.baidu.com/

[22] 昵图网：http://www.nipic.com/

[23] 秋凌景观网：http://www.qljgw.com/

[24] 淘图网：http://wwww.taopic.com

[25] 朴枫数字科技有限公司：http://www.pufun.cn/